现代科普博览丛书

绿色生活与环境科学

LVSE SHENGHUO YU HUANJING KEXUE

杨天华 编

黄河水利出版社
·郑州·

图书在版编目(CIP)数据

绿色生活与环境科学/杨天华编. —郑州：黄河水利出版社，2016.12（2021.8 重印）
（现代科普博览丛书）
ISBN 978-7-5509-1485-8

Ⅰ.①绿… Ⅱ.①杨… Ⅲ.①环境科学－青少年读物 Ⅳ.①X-49

中国版本图书馆CIP数据核字（2016）第175252号

出版发行：黄河水利出版社
社　　址：河南省郑州市顺河路黄委会综合楼14层
电　　话：0371-66026940　　邮政编码：450003
网　　址：http://www.yrcp.com

印　　刷：三河市人民印务有限公司
开　　本：787mm×1092mm　1/16
印　　张：11
字　　数：140千字
版　　次：2016年12月第1版　　2021年8月第3次印刷
定　　价：39.90元

目　录

谈绿色生活

有关环保人士提出了绿色生活“5R”原则:①节约资源、减少污染(Reduce);②绿色消费、环保选购(Reevaltme);③重复使用、多次利用(Reuse);④分类回收、循环再生(Recycle);⑤保护自然、万物共存(Rescue)

倡导绿色生活,需要每个人从我做起。自觉地节能节水,购买绿色产品,少用“一次性”餐具和塑料袋,分类回收生活垃圾,拒食野生动物……“绿色生活”是将环境保护与日常衣食住行融为一体的新文明生活,即生产行为和消费行为要考虑到对环境的影响,尽量避免或减少对环境的污染。绿色消费并不是“消费绿色”;提倡“食绿”、“住绿”、“穿绿”、“用绿”的目的是为了在环境保护中有利于身心健康。

中国消费者协会提出2000年“3·15”的主题是“绿色消费”。主要有三层含义:一是选择绿色产品或未被污染的产品;二是对垃圾进行环保化处理,不造成环境污染;三是崇尚大自然并注重节约资源,实现可持续消费。

绿色消费涉及面很广,涵盖了食品、衣服、家具等,从而要求经营者积极推广绿色技术、清洁生产,发展生态农业,满足消费者需求。同时,在选择商品和服务时,及时转变消费观念,尽量选择无污染、无公害的绿色产品,把个人消费和身心健康、居室环境、区域生态和全球环境联系起来,舍得在绿色消费方面投资。

应带着环保的眼光去评价和选购商品,审视该产品在生产过程中会不会给环境造成污染。我们手中的钞票就像是“绿色的选票”,哪种产品符合环保要求,我们就选购哪种产品,这样它就会在市场上占有越来越多的份额;哪种产品不符合环保要求,我们就不买它,这样它就会逐渐被淘汰,或被迫转产为符合环保要求的绿色产品。用手中“绿色的选票”引导生产者、销售者走可持续发展之路。

绿色食品是指经专门机构认定,许可使用绿色食品标志的无污染的安全、优质、营养食品。国际上通常将与环境保护有关的事物冠以“绿色”,为了突出这类食品出自最佳生态环境,因此定名为绿色食品。

须具备四个条件:一是要出自最佳生态环境,即原料产地的土壤、大气和水等必须通过省级以上环保部门的化验和跟踪,确认达到无污染标准;二是农作物种植、畜牧饲养和食品加工过程要符合生产操作规程,接受省绿色食品办公室的经常性检查,确认没有使用高毒、高残留农药、硝态氮肥及人工合成食品添加剂等禁用物质;三是“绿色食品”的生产标准要比一般产品高,如对重金属含量的检测标准等;四是最终产品要符合绿色产品包装、储存、运输要求,避免受到二次污染,产品标签、包装必须由中国绿色食品发展中心审定。绿色食品标志不实行“终身制”,它的许可证有效期为三年,三年内每年都进行年度检查,三年后必须重新申报,发现一次不合格即取消其绿色食品标志。

“绿色食品”标志必须四样齐全:文字字样;图形;产品批准编号;出口产品还必须有英文。单单标明“绿色食品”字样的,不能证明它就是绿色食品。

辨别绿色产品最好的办法就是看其绿色标志。目前我国的绿色产品标志主要有如下两种:

一种是中国环境标志,其图形由中心的青山、绿水、太阳及周围的十个环组成。图形的中心结构表示人类赖以生存的环境，外围的十个环紧密结合，环环紧扣，表示公众参与，共同保护环境；同时十个环的“环”字与环境的“环”同字，其寓意为“全民联系起来，共同保护人类赖以生存的环境”。

另一种就是上面说到的绿色食品标志，该标志是由中国绿色食品发展中心在国家工商局注册的第一例质量证明商标。其图形由三部分组成，即上方的太阳、下方的叶片和中心蓓蕾，标志为正圆形，意为保护、安全。绿色食品标志证书自发证之日起生效，有效期为三年。

自1978年德国率先推出名为“蓝色天使”的环境标志以后，这一做法陆续被其他国家仿效，纷纷定出各自的绿色环境认证标准和标志。

我国于1994年成立由国家环保局、国家质量技术监督局和国家出入境检验检疫局等11个部委局组成的国家认证委员会——中国环境标志产品认证委员会，是我国认证环境标志的唯一机构。从1994年我国成立中国环境标志产品认证委员会至今，国家权威性环境标志产品认证体系现在已基本确立，认证企业也从1996年初的几家发展到现在的近200家企业、500多种型号的产品。

中国环境标志产品认证委员会为中国绿色环保事业做了大量的开拓性工作，在宣传环保意识、促进我国产品参与国际竞争、扩大出口等方面都取得了很大成绩。一些有远见的企业家，已经意识到了环境标志这张“绿色通行证”对于增加产品竞争力所起的重要作用，纷纷主动申请环境标志认证。随着“绿色消费”的蓬勃发展，我国市场上出现了越来越多的环境标志产品。

环境标志亦称绿色标志、生态标志，是指由政府部门或公共、私人团体依据一定的环境标准向有关厂家颁发证书，证明其产品的生产使用及处置过程全部符合环保要求，对环境无害或危害极少，同时有利于资源的再生和回收利用。

环境标志工作一般由政府授权给环保机构。环境标志能证明产品符合要求，具有证明性质；标志由商会、实业或其他团体申请注册，并对使用该证明的商品具有鉴定能力和保证责任，因此具有权威性；因其只对贴标产品具有证明性，故有专证性；考虑环境标准的提高，标志每3~5年需重新认定，又具有时限性；有标志的产品在市场中的比例不能太高，故还有比例限制性。通常列入环境标志的产品的类型为：节水节能型、可再生利用型、清洁工艺型、低污染型、可生物降解型、低能耗型。

环境标志制度发展迅速，从1977年开始至今，已有20多个发达国家和10多个发展中国家实施这一制度，这一数目还在不断增加。如加拿大的“环境选择方案”（ECP）、日本的“生态标志制度”、北欧4国的“白天鹅制度”、奥地利的“生态标志”、法国的“NF制度”等。

获得环境标志的产品都是经过严格的认证程序，并完全符合中国环境标志产品技术要求。

一般来说，环境标志产品具有两个共性：首先，产品在生产过程中，企业对周围环境排放的污染物必须达到国家或地方有关污染物的排放标准；其次，产品的质量和安全性能必须符合国家质量和安全标准。环境标志产品除上述两个共性外，环境标志产品技术要求根据不同产品的特点还制订有一些具体要求，这些要求包括四个方面：第一，对全球环境的保护（主要是对大气臭氧层的保护），如氟化碳替代产品，主要产品有冰箱和发胶等；第二，对区域环境的保护，如无磷洗涤和可降解餐盒；第三，对人体健康的保护，如水性涂料、节能低排放燃气灶具、低辐射彩电、木色植物纤维纺织品；第四，节能、低噪声，如低噪声洗衣机和节能、低噪声房间空调器等。

我国的环境标志认证是1994年开始的。鉴于目前环境标志产品尚无国际统一标准，为抓好环境标志的国际互认，德国的蓝色天使标志产品的技术要求、北欧白天鹅环境标志技术要求的有关指标已吸收进我国的环境标志产品技术要求。环境标志是一种标在产品或包装上的标签，代表该产品不仅质量合格，而且在生产、使用和处理中符合特定的环保要求。据了解，最早的环境标志是德国政府1977年制定的“蓝色天使”环境标志，目前环境标志产品已有100类、7500多种；加拿大1985年开始实施“环境选择”标志；日本1985年实施“生态标签”计划，目前有68个产品类别、2500多种产品；北欧1989年开始实施“白天鹅”标志，目前有58个产品类别；欧共体1992年3月颁布了“欧洲之花”生态标志标准，现已开展了23类产品的认证。此外还有韩国、新加坡、澳大利亚等30多个国家和地区相继建立了环保产品标志。

截至目前，我国已有电冰箱、彩电、空调、无磷洗衣粉、生态纺织晶等近50类、200多家企业的500多种产品获得环境标志。中国的冰箱行业已达到环境标志的无氟利昂、节能、低噪声三项指标的产品，都具备了与国外产品竞争的条件。新飞、海尔，科龙等企业已经实现了在国外设厂或在多个国家畅销，成为跨国企业集团。天津丹海、湖南环保、湖北绿世界等生产的降解塑料制品、植物降解快餐盒、淀粉餐盒等产品，都是在通过绿色环境标志认证后，从众多的同类产品中脱颖而出的，得到了韩国、日本的订单。不仅为国内消除白色污染做出了贡献，而且也在国外展示了消除白色污染替代品的先进技术水平。

绿色营销实质就是：企业为适应绿色消费，对绿色商品需求不断增长和外界环境（自然生态环境、政策法律环境等）的“绿”化而进行的一系列的、有利于开拓市场的活动。

首先是绿色需求的拉动。人们对无公害的绿色商品的需求在增长。回归自然、返璞归真已成为人类有目的的追求。这是人们对绿色商品需求增长的原动力。其次是绿色效益的驱使。由于绿色产品属于优质的短缺的商品,市场价格高于一般商品,这是企业开展绿色营销的动力所在。

近年来,许多国家特别是发达国家,构筑"绿色壁垒"。一些国家规定,对无环境标志(也称绿色标志)的产品,在进口时要在数量和价格等方面予以限制。例如,有害物质含量过高(药物残留过多)的农产品、污染环境的工业品等在国际市场上受到严格的限制,常被排斥在市场之外而不能"入关"。1993年7月,欧共体正式公布了欧洲环境标志(也称绿色标志),规定了凡是有此环境标志的商品,可在欧共体成员国自由通行。因此,企业欲提高自身形象,增强市场竞争力,拓展市场尤其是进占海外市场,冲破绿色壁垒,必须积极开展绿色营销活动,使自己的产品通过绿色认证,获得绿色标志。绿色营销是21世纪世界市场的主潮流,开发绿色产品,是新世纪的商机。

绿色住宅不仅仅是绿化较好的,绿化覆盖率较高的地方。真正的"绿色住宅"的内涵是全方位、环保式工程。具有节地、节水、节能、改善生态环境、减少环境污染、延长建筑物寿命等优点。可以说,"绿色住宅"代表了21世纪建筑发展的方向。对垃圾的分类处理,是住宅物业管理的工作。因此,环保专家也将垃圾分类处理纳入"绿色住宅"的内容。

现在一些西方国家兴起了"办公室绿色化"的新潮。英国制定了关于照明的"阳光法案",德国建筑法令规定要保证引进新鲜空气,日本则提倡把雨水和经初步净化的再生水用于清洁厕所。"办公室绿色化"并非狭义的在办公室里种几盆花,而是指工作空间有益于环保、健康、美化、高效率。具体内容包括:保持空气清新;尽量用自然光照明;人均占有空间合理;办公用品无公害;水、电和纸品的消耗适度。现在国际上使用再生纸信封已成时尚,一些驻华使馆寄出的牛皮纸信封都印有循环箭头的再生纸标志。使用电脑时,尽可能在荧屏上阅读,实在需要时才打印在纸上。

绿色交通工具,是指在行驶中对环境不发生污染,或只发生微量污染的载客工具,它的使用对改善大气质量起着举足轻重的作用。大载量、无污染、速度快的绿色交通工具,非地铁莫属。除此而外,天然气汽车、电动汽车、太阳能汽车、氢燃料汽车等“绿色汽车”将在未来通行天下。

环保人士认为,天然气汽车、电动汽车、太阳能汽车、氢燃料汽车等环保型汽车,称为“绿色汽车”。绿色汽车有三大标志:一是能消除汽车尾气的污染,使汽油减少有害气体的排放,如美国开发的电动汽车。二是可以回收利用。德国已经规定,汽车厂商必须建立废旧汽车回收中心。三是减少能耗、物耗,尽可能利用再生能源,如太阳能、风能、氢燃料。

绿色学校,又称生态学校。它是在学校范围内进行的一项环境教育计划,旨在鼓励和推动学校为学生提供更多融入环境教育的途径和机会,促使环境教育进入师生们的日常生活,最终将环境意识和行为转变为师生们的道德精神的内在部分。

绿色服装

“来自衣橱里的疾病”这句话在欧洲广为流传,在中国也逐渐被人们所认识。服装的污染主要有两个来源:一是原材料,如棉、麻纤维植物,在种植过程中大量使用杀虫剂、除草剂和化肥,可导致农药残留在棉、麻纤维之中;二是在原料储存和纺织品加工,如印染后整理等过程中,使用五氯苯酚等防腐剂、防霉剂、防蛀剂、甲醛、偶氮染料等,使这些化学物质残留在纺织品和服装上。这些残留的化学物质在人们穿用过程中,会不断释放出来,对人体造成种种危害:如皮肤出现瘙痒、红肿、出血点或紫斑;有的人会患变态反应性皮炎或接触性皮炎;有的人干咳,出现哮喘等症状;严重的诱发癌症。另外,用有毒化学物质加工服装的同时也会对环境造成污染。为此,有利于人体健康的绿色生态服装应运而生,成为了消费者的首选。

绿色生态服装体现了回归自然的生活哲学,充满了对生命、对大自然的热爱之情。一般来说,无害、无污染的环保服装,符合三个标准:一是简化。生产过程中不采用破坏生态环境的软化剂、漂白剂、染料和化学品,对人体无毒、无害,不会对环境造成污染。二是循环再造。是用材料采用可再生资源或可利用的废弃物。三是再用。包装用的纸袋由再造纸制成;生态服饰在其失去使用价值后,可回收再利用,或在自然条件下降解消化;鼓励把旧衣物捐献救灾,或转赠给慈善团体。

香港的一些生态服装厂家设计概念是:“在提高生活水平之余又不损害地球”。在制衣过程中减少使用有毒的化学物质,衣服能进行生物分解。同时,较多地采用手工制作,以此支持世界各地的小型工艺合作社,增加当地人民的就业机会,并且着重从哥伦比亚购买蚕丝,以鼓励当地农民以养蚕取代种植可卡因。这体现出了健康、博爱的人道主义,符合过一种俭朴生活的绿色新理念。

有的人穿着新买回的服装后,出现瘙痒等不舒服的感觉,还以为是自己皮肤过敏,其实是服装中加入了甲醛、荧光增白剂等有毒有害染料。选购衣装特别是高档免熨衣服时,要看一看是否含有甲醛。慎购免熨烫衣物。买回家的免熨衬衫和西裤,应洗了再穿,这样,可以去掉一些残留的游离甲醛。挑选衣装时,请留意产品对人体健康的影响。下面是识别绿色衣装小诀窍,供您参考。

(1)细看标签。新开发的“绿色服装”有别于其他的衣服。绿色服装的标签上都印有生态指数。一般采用以下几种形式:禁止规定、限量规定、色牢度等级、主要评价指标等。买到印有生态指数标签的服装,可以放心地穿着。

(2)触摸。一些色彩鲜艳的服装,如红色、紫色等颜色,色牢度不够,很容易掉色,你可以沾一点水触摸一下,如手指上染有颜色,劝你不要购买。涂料印花织物,也可以通过触摸来鉴别,如果印花部分手感很硬,它就不适合贴身穿着。

(3)嗅辨。闻一闻是否有霉味、汽油味及有毒的芳香气味。对于那种一拿到手就有浓重气味的服装不宜购买。

(4)比较。买衣服时不要“贪小便宜”。那些街边小摊的衣服,很有可能是散流在外的不合格产品,应尽量到大型商场和品牌店购买。

2000年1月27日,国家外境保护总局批准并开始实施《生态纺织品》标准,表明国家对服饰影响人体健康的关注。生态纺织品是指那些采用对周围环境无害或少害的原料并对人体健康无害的产品。生态纺织品应符合以下技术要求:①产品不得经过有氯漂白处理;②产品不得进行防霉蛀整理和阻燃整理;③产品中不得添加五氯苯酚和四氯苯酚;④产品不得有霉味、汽油味及有毒的芳香气味;⑤产品不得使用分解为有毒芳香胺染料的偶氮染料、可致癌的染料和可能引起过敏的染料;⑥产品中甲醛、可提取重金属含量、浸出液pH值、色牢度及杀虫剂留量均应符合环保要求。

20世纪80年代以来,欧洲一些发达国家为保护环境及人体健康,先后作出了对纺织品和服装残留的有害物质如偶氮染料、甲醛等限量的规定。经检测,对有害物质超过限量的纺织品和生态服装禁止进入市场,不准进口。美国、欧盟相继出台了相关的环保法规和纺织品环保标准,对进口纺织品实施严格检测。如对进口服装的100多种有害物质含量进行限制,提出了对非环保染料的限制,对纺织品中偶氮染料、甲醛、五氯苯酚、杀虫剂、有机氧化物等的含量都实施了严格的界定。日本客商已明确要求我国服装企业对缝针、大头针、断手针等进行检验。我国出口的丝及丝绸要接受200多项检测。为适应这些规定,我国环保纺织品和生态服装应运而生。

20世纪90年代以来,我国成立了中国环境标志认证委员会,并对照欧盟标准制定了生态纺织品标准,推行产品质量和环境管理体系双绿色认证。北京铜牛针织集团、北京九彩罗彩棉产业有限公司、杉杉集团公司、浙江报喜鸟集团公司、天津泰达股份公司、陕西五环集团股份有限公司、陕西彩橙高新染整工贸公司、宁波宜科科技有限公司等18家纺织企业,获得了国家有关主管部门颁发的《中国环境标志产品》认证。一批环保纺织品和服装如罗蒙、名勋、开开、雅戈尔、海螺,彩色棉花织物服装、莫代尔(modal)纤维、大豆纤维织物(大豆提花绸、粘豆绸、生态蛋白丝呢绒等)、彩棉和远红外丙纶交织衬衫面料等成为纺织行业的亮点。北京铜牛集团实现了“生产原材料生态化,工艺设备环保化,车间环境清洁化,产品及包装绿色化,废物排放少害化,经营管理绿色化”。2000年底,铜牛纯棉、纯毛、混纺内衣获得环境标志产品认证。相继推出了纯棉、纯毛、混纺内衣系列产品和天然彩棉服装、远红外舒暖棉套装、莱卡弹力内衣、柔丝棉内衣等七大新产品。中国环境标志认证委员会的工作,对我国纺织行业的生态环保起到了积极的作用。

研究证明,在所有的纤维性植物中,棉花是迄今为止与人的皮肤最能靠近的,它的纤维核对皮肤有良好的按摩作用,它对冷风有不可替代的抵抗作用,而且又最能透气,不带静电,没有光污染。棉织品不但对强光冷气等对身体不利的因素有隔离作用,而且吸水性能与保温功能好。试验证明:穿上一套纯棉内衣,睡到天明,便会有一种轻松清爽之感;而穿上一套腈纶等化纤内衣睡觉,第二天便有下列感觉:皮肤干燥发痒、起红斑。化纤内衣没有保温散气作用,而棉布对人体有天然的亲和力。

丝绸,质地轻薄,柔软光滑,透气性好,穿着舒适凉爽,飘逸潇洒,是天然保健的理想面料。

自古以来,蚕丝一直是生产丝绸织物的原料。蚕丝是蛋白质纤维,含有16种氨基酸。具有防止血管硬化,延缓衰老的功能。穿着真丝内衣,对某些皮肤病还有好的辅助治疗作用,特别是对皮肤瘙痒有明显的止痒作用。在阳光强烈的夏季,女性用真丝服装蔽体、遮容貌,可有效地防止紫外线对皮肤的伤害。老年人由于新陈代谢缓慢,不少人患上了“老年瘙痒症,但穿上了真丝内衣裤后,能收到明显的止痒效果。长期卧床不起的病人生了褥疮以后,如采用真丝枕套、真丝床单和真丝内衣,再用真丝包扎患处,便能吸收水分并使其蒸发,有利于患部清洁,加快疮口愈合。

但丝绸的缺点是:吸湿性大,缩水率高,抗皱性弱,所以掌握科学的穿用和保养方法十分重要。

穿用:丝绸服装一次穿用时间不宜过长,要勤洗勤换。热天最好不要贴身穿,以避免过多的汗液使服装变色变质。避免穿着丝绸服装在席子、藤椅、木板等粗糙物上睡觉,以防止跳丝。另外,盐、碱对丝绸的破坏性较大。穿丝绸服装时,应避免与含盐、碱的物质接触。

洗涤:最好选用中性皂片或高档洗涤剂。先用热水溶解皂片成化开洗涤剂,待冷却后,再放入衣服。洗时,要避免拧绞,用手搓揉即可。最后,要把皂液完全冲净。洗涤深色丝绸时,只能在净水中反复投漂,而不能使用皂片或洗涤剂,以防出现皂渍和泛白现象。为避免颜色鲜艳的丝绸服装掉色,洗时可放少许食盐。晾丝绸服装只宜挂在通风处阴干,而不能放在阳光下暴晒,待晾至八成干时,可以白布覆盖,用熨斗熨烫平整,温度不能高于130度,否则会损伤衣料。洗过的真丝衣服,一般很难熨平,但若把它装进尼龙袋,放入电冰箱内冻上片刻,取出来再熨,效果较理想。

缝制:因丝绸织物的悬垂性强,故选择款式时,应以舒展的式样为好。胸围、袖笼应略放大一些,而肩部和领圈则不宜放大,裁剪前应将面料先在温水里浸透,然后晾至七成干时再烫干熨平。缝制时宜用9号机针和缩过水的细线,底面线不宜过紧,针码以每寸15针为宜。缝头以不低于1厘米为好,目的是为防止花边滑脱。

内衣要环保,要健康,这是人们的正当要求。可是有人穿高领衣后,颈部发生瘙痒或荨麻疹。有些男子穿着高领衣服,在转头动作时因速度过快,造成脑部血流的暂时减少,出现了头昏目眩、耳鸣胸闷、眼前发黑等症状。严重者可昏迷晕厥、神志不清。上述症状可在几秒钟内消失并很快恢复正常,也可在较长的一段时间里不省人事。这些症状,称为“衣领病”。

“衣领病”,医学上称“颈动脉窦性晕厥”。原因是由于衣领过硬过紧,颈动脉窦受到压迫,它受压后可反射性地引起心跳变慢,血压下降和全身周围血管扩张。因此,上衣领子不宜过高过硬,纽扣也不要扣得太紧。在选购衣服时应适当注意衣领的高度和硬度,衣领的上缘与下颌要有一段距离,领扣也不要系得过紧,转头的动作更不宜太快,以免发生不测。

对于已患有动脉硬化的病人,特别容易诱发“衣领病”,应换穿另外衣裤。遇到“衣领病”发生时，首先让病人平躺下，抬高下肢，解开患者的衣领及紧身衣裤。多数病人可慢慢清醒，醒后应多躺一会儿，不要急于坐起或站立，待病情稳定后可慢慢坐起来。

据统计资料显示，美国医院感染率约为5%，英国为7.5%，日本为5.8%，而我国的医院感染率却在10%左右。交替使用的被褥，成了交叉感染的媒介。被污染的被褥是造成我国医院内感染率居高不下的重要原因之一。

医院的床垫和棉被等常因病人的血液、脓水、粪便的浸入，且清洗消毒不便，造成细菌繁殖。这类被褥在未经及时清洗、消毒的情况下，患者不断交替使用，因而这类卧具很容易成为交叉感染的媒介。而枕芯是医院交叉污染的另一个不可忽视的因素。某医院肠道科患肛肠脓肿的病员，经治愈出院后，另一位病员因其他疾病住院治疗时，使用同一张病床，结果，这位病员在住院期间也感染上了肛肠脓肿。

因医院感染，使病人延长住院时间或发病率提高，甚至死亡，这将增加大量的医疗费用并造成病人的痛苦。从这个意义上说，医院被褥消毒是关系病人利益、节约国家医疗开支的一项必须做好的工作。

据悉，大多数医院对被褥采取紫外线或是电子灭菌灯消毒，但有关人员认为，这两种方法对被褥消毒还不够彻底。而消毒最为彻底的环氧乙烷消毒法，许多医院因条件所限，难以做到。在目前医院大多占地面积有限的情况下，难以考虑再辟场所专门购置设备，况且这类设备价格大都在几十万元之上，对于一个医院来说这笔投入也不算小。目前有的医院正逐步淘汰传统的棉絮被，采用高弹棉被和枕芯，便于及时更换消毒清洗，以最大限度地降低由此可能引发的院内感染。

除发生被褥感染外，突出的是新生儿室或儿科病房的鼠伤寒沙门氏菌，引起病儿死亡。外科手术后发生的多种感染，如切口感染、下呼吸道感染、泌尿道感染等，常使成功的手术归于失败。医院内因输血或使用血液制品而引起的丙型肝炎、乙型肝炎的传播更急需解决。

化妆流行色

1. 盐水洗头治掉发

据友人介绍，“食盐可治掉发”。用100~150克食盐投入半盆温水中溶解，先把全部头发浸入，揉搓几分钟，尔后加适量的洗发精（自己任意挑选），继续在温盐水中浴洗，等洗净油污后，再用清水洗头发。每星期洗一次，便可收到效果，梳头洗发时不再大把脱落。某女士坚持这样洗头已半年多，头发的数量已恢复到健康时的水平。此法简便易行，头发脱落者不妨试一试。

2. 用润唇膏护理唇部

嘴唇只有一层很薄的角质层直接覆盖在真皮上，不具备自行分泌油脂和调节水分的基本功能，也就使得停留在双唇上的水分容易蒸发、消失。所以唇部的肌肤护理显得很重要。

润唇膏的选择要点：

润唇膏是保养嘴唇的重要滋润品，对于保护唇部有重要的功能。同时还兼有防晒功能，可吸收阻隔有害的紫外线，使嘴唇不易起皱，避免老化现象。选购时，除了注意产品生产日期、包装是否完整外，还应针对自己的需求来选择合适的润唇膏。不要购买含有色素的润唇膏。旋转式润唇膏是固态包装，具有方便携带使用的特性，但在渗透力上就不如一些冻膏状、液态状的润唇膏，因为冻膏状或液态状的润唇膏可用手直接涂抹在唇部表面，能顺利渗入唇隙，帮助唇部吸收。外出时，旋转式润唇膏使用方便；而居家时，冻膏状或液态状的润唇膏较为适宜。

润唇膏的使用时机：

(1)涂抹唇膏前。惯于使用唇膏的女士尤其要用润唇膏，因为彩妆的化学成分对唇部多多少少会造成伤害(尤其是持久不脱色唇膏)，如果不使用润唇膏来隔离，唇隙就会逐渐增加，就算涂上口红也难看。

(2)长时间户外活动。润唇膏可避免强烈紫外线的直接侵害，预防唇部破裂、脱皮、老化。

(3)在有空调的室内。避免唇部直接接触冷、干的空气，预防唇部干燥脱水。

(4)冬季或长时间处于干燥环境中。选择保湿效果强的润唇膏；夏日户外活动宜挑选有防晒功能的润唇膏。

3.日护手方法

按摩双手：每天适时地对双手进行按摩，可以有效地促进手部的血液循环，也有助于冻疮的治疗。如在按摩前，涂上按摩膏或是橄榄油，也可以用专用的植物油反复揉搓双手，效果更好。

改用多脂香皂洗手：秋冬换季时需要调换护肤品，把洗手的香皂换一换，尽量使用多脂性香皂或是含有油性的洗面奶洗手，洗手后立即用毛巾擦干，涂上护手霜。

用磨砂膏护手：如果双手粗糙干燥，可以先用温热水浸泡，然后用磨砂膏在双手手指上轻轻按摩，十分钟后，你的双手会变得细腻滑润。

晚上睡觉前扩手：晚上睡觉前，将双手放在热水中浸泡10-20分钟，然后进行10-20分钟的按摩，加速血液循环，促进皮脂腺分泌，再将润手霜或乳液放在微波炉内，用低度微加热，涂在双手上，戴上薄棉手套睡觉，第二天早晨，双手会变得柔润光滑。每周末做一次这样的护理，令你的十指生辉。

戴橡胶手套干活：做家务时，不要把手长时间浸泡在水中，因为干燥的空气会把手上的水分带走，使手越发的干燥。在厨房干活，不妨戴上一副橡胶手套。因为厨房中的清洁用品化学成分高、碱性大，会吸掉手上的油脂。手套最好放在厨房的方便之处，在需要的时候随时戴上。家务劳动会使主妇的手变得粗糙，可在洗净双手后，甩掉部分水滴，用醋涂遍双手（手上不能有伤口），再抹上护手霜，最后套上一个塑料手套或小塑料袋。一小时后除下，双手变得柔滑细腻。

多样均衡饮食：补充一些锌及维生素A、维生素E，可弥补肌肤的干燥。从哈密瓜、胡萝卜、蛋类中，可获取维生素A；从杏仁、青菜、水果中可获取维生素E；从海产、牛奶中可获取锌。可食"猪皮冻儿"、"牛肉胶冻"等。"猪皮冻儿"，就是将猪皮切成块，然后加些胡萝卜块、土豆块、豆腐干，用之熬汤，取出放凉。可存入冰箱，随取随食用。多样均衡的饮食，将使你的手部皮肤得到改善。

4. 为保持容颜美丽的八忌八宜

1) 忌浓妆艳抹，宜天然护养

适宜地选用化妆品可以护肤、美容，但浓妆艳抹就会适得其反。尤其是轻信广告，滥用劣质化妆品，往往会给你带来极大的痛苦和精神上的负担。

化妆品离不开颜色和香味这两个条件，这正是化妆品的魅力之所在，也是人们在使用化妆品时最大的隐患。近代合成化学的突飞猛进，使焦油色素迅速渗透入各种化妆品中，色彩鲜艳的水粉、口红、眉笔及指甲油中都含有焦油色素。凡是长期浓妆艳抹的人，皮肤最容易变粗糙，出现色素斑及小皱纹，这就是由于焦油色素的副作用。口红是女性最常用的化妆品，一般由酸性染料曙红与羊毛脂及蜡质等成分组成，涂在口唇上的口红几乎有一半要进入体内，一方面因曙红不是食用色素，对人体是有害的；另一方面，羊毛脂能吸收口唇中的水分，并能吸附灰尘与细菌。所以经常使用口红，嘴唇易脱皮老化。每次使用口红后，一定要在卸装时立即擦去，勿使其久留。不管你使用什么样的化妆品，请在每晚睡觉前将化妆品洗涤干净，同时洗去面部灰尘、细菌和汗液，以保持皮肤的健康。

40岁以上的女性要使自己外表看起来比实际年龄更显年轻，在化妆上必须掌握“简单就是美”的原则。化妆愈淡愈好，发型愈自然愈好，皮肤保养愈天然愈好。过于频繁的化妆和养护，反而使皮肤受到伤害。长期使用磨砂膏、敷面剂去除老化的角质层，以促进皮肤成长，常因不得法而导致皮肤出现干燥、皱纹等老化现象，反而弄巧成拙。护肤品以植物性的天然成分为佳，保养频率要适度。

化妆的目的在于遮掩脸部的缺点和美化皮肤，使自己看起来更为亮丽、动人，因此愈是懂得化妆的人，化妆得愈清淡自然而不着痕迹，看不出来的化妆才是高明的化妆。

2）忌随意整形手术，宜自然化装整容

现在的美容手术可以说是包罗万象，眼、鼻、额、耳、乳房、腹部，几乎从头发到脚趾都可以做手术。虽然手术的成功率高达90%，但那十分之一的失败者也够倒霉一辈子的。“美容是塔尖外科，其他手术尚能二次修补’，而美容只能是一次性。”手术美容买不到后悔药，不是成功就是失败。因此，如没有必要，如不是先天性生理上的缺陷，请你慎重对待之，能不做手术的尽量不要做，免得“花钱买痛苦”。

台湾作家林清玄在《生命的化妆》里说，三流的化妆是脸上的化妆，二流的化妆是衣服的化妆，一流的化妆是精神上的化妆。真正的“美容”是风度和文化气质的流露，是真才实学和运动锻炼后的生命力的张扬。过分依靠脂粉其实是一种自卑的表现。

3）忌强烈日光暴晒，宜适当体育运动

阳光辐射强度不足及强烈日光下的暴晒，对皮肤同样有不良影响。如长时间缺乏阳光照射，黑发会变白，皮肤会变得苍白无光泽。适度的阳光辐射对皮肤是有益的，它可使皮肤被照射部位充血、温度升高，并可反射引起体温升高，促进皮肤的物质代谢，改善营养状况，加速再生修复能力。阳光辐射还可提高水盐代谢，改善排汗机能，对生长发育和皮肤光洁有良好的促进作用。同时，太阳辐射光谱中的紫外线能提高血液的杀菌能力，增强机体免疫力，还可提高组织的氧化过程，使脂肪酶更为活跃，促进营养物质代谢，并有脱敏作用，使皮肤恢复光泽。因此，对那些出行有车、办公住所封闭、日常生活中缺乏自然光照射者，应适当增加户外锻炼。

过强的太阳辐射持久地作用于人体可引起皮肤损伤，引发日光性皮炎，皮肤出现红斑、瘙痒、水疱和水肿等，甚至形成皮肤瘤。红外线可使皮肤温度升高至40度或更高，导致轻度烧伤，并引起全身反应。所以，在太阳辐射过强的盛夏时期——上午10时至下午4时，人们外出时应备有防护用品，如太阳帽、阳伞等，以保护皮肤免受暴烈日光。

4）忌滥用美发品，宜简单造型

为了年轻漂亮，不少人使用染发剂。但染发剂色泽不自然，显得欲盖弥彰。要限制购置过多的美发品，且尽量不含酒精和油性，要避免把黏糊糊的东西涂到发根上；小心毒素侵入大脑，尤其是护发素和发胶，只需轻抹或喷在发梢及发型外缘即可。很多人乐意把钱花在洗发水和定型用品上，而对脏兮兮的发梳却熟视无睹。殊不知，脏的发梳是藏匿细菌令头皮发痒的重要原因。如果你梳理头发的程序变得愈来愈复杂，你就已修饰过度了。

时髦的发型不一定在每个人身上都能达到相同的效果。如果不能适合个人脸型和气质，新潮的发式常常反成败笔，成为红颜已老、青春不在的注脚。发型的选取以不随波逐流的简单造型为佳。每一个人都可以参考流行趋势，找到适合自己的风格。只要是适合自己的，最能表现"个人特色"的就是好发型。

5）忌不清洁的化妆品，宜少用护肤霜

长期使用高效人工合成化学用品，对人体有害。不少人使用的化妆品造成面部红肿、痒痛。买化妆品，除了注意生产日期，更要注意成分表，学会分辨防腐剂、色素，学会识别香料中的毒性，最好购买天然化妆品。

脏的眉刷、粉扑等，内藏细菌，会导致皮肤炎症，因此每次使用后，都要认真清洗，眉刷应用酒精刷净。化妆品本身也可能成为有害细菌的藏身之处，所以用后应旋紧盖子，一旦变色变味，不宜再用，可以送交回收垃圾站。

忌用过量的润肤霜。肌体需要呼吸，日常生活中许多女性为了保养皮肤，擦润肤霜，且喜欢油腻浓香型的，这样反而会使毛孔堵塞，面上长满"痘痘"，影响皮肤美观和健康。正确的护肤方法是：根据季节和肌肤性质，选一种少香精不油腻的天然护肤霜。晚上和卸装大睡前，可少用或不用护肤霜，让毛孔舒展、自如地呼吸。

6）忌睡眠太少，宜早睡早起

长期过夜生活，半夜三更还在娱乐，可以说是“阴阳颠倒”，违反人体生物钟的节律。睡眠不足的后果是双眼布满血丝，眼圈发黑，皮肤晦暗苍白。

“日落而息，日出而作”，与阳光空气亲近，符合天体运行的规律。如果你养成了早睡早起，起居定时，饮食定量，乐观向上，性格开朗，又能经常锻炼身体，那么你就会有精、气、神，使你看起来比实际年纪年轻5~10岁。使用合适的保养品，只能帮你减缓皮肤老化的速度，并没有神奇的功能。您想年轻漂亮吗？那么，您就应养成早睡早起，饮食定时定量的好习惯。

7）忌过度节食，宜运动减肥

现在热衷于减肥的人主要是青年女性和中年女性，她们当中有的是病态肥胖，有的则体重正常，只是外表显得胖一些，为单纯追求体型美而节食减肥，结果体型变化不大，反而会引起贫血、月经不调及免疫功能下降。过分节食会使指甲和头发变脆，导致血糖、水分降低，使人无精打采，降低新陈代谢。

医学研究表明，女性肥胖者中，有许多人体内脂肪大部分聚积于臀部和大腿的皮下组织中，而腰部脂肪较少，属于梨形肥胖，而梨形肥胖的特点是肥胖者的体重可超过正常标准的20%，梨形肥胖并不增加患其他疾病的危险。因而，爱美就不要随意减肥，“瘦就是美”的观念并不是真理。让身材有曲线比例均匀才是你要追求的目标。一个体重70公斤看上去腰太粗的女人，减肥成50公斤后她的腰还是直挺挺的没有曲线，可是其他部位却像泄了气的皮球松瘪下来。一瓶减肥药并没有让她好看起来。

用减肥药物须慎重，减肥药物的选择与服用应在医生指导下进行。目前尚未有任何可供长期使用、安全而副作用小的减肥药物。减肥食品对减肥有积极作用，是一种辅助性的减肥措施，但迷信减肥保健品的功能而放弃体育运动是不可取的。

可行的减肥方法是将饮食疗法与运动疗法结合起来，改变不良的饮食习惯（暴饮暴食，进食速度过快等）。脂肪过多堆积的原因，一方面是物质的摄入过多，另一方面是新陈代谢的水平较为低下。要消除腰围过多的脂肪，最主要的是进行运动，使每天摄入的食物和消耗的能量保持平衡。特别要指出的是，保持平衡不是来自减食，而是通过运动。因为体育运动能促进人体的新陈代谢，促进各个器官的发展，能去掉体内过多的脂肪。

常年坚持体育运动会增加肌肉力量，提高新陈代谢，并能让人乐观开朗。经常跑步做操、打拳游泳，或做仰卧推举杠铃，或下蹲5~10分钟，情绪中的紧张、沮丧和愤怒等因素就会明显减轻。研究发现，锻炼30分钟可使人焦虑感降到最低。如果出于锻炼"心理"而不是锻炼身体的话，不管您身体胖瘦如何，十几分钟也能见效。总而言之，减肥无捷径可走，培养健康的饮食习惯，坚持常年的体育运动，才是每一位减肥者终生受益的良方。

8）忌"人云亦云"，宜自信自强

美容护肤切不可"人云亦云"。欧美流行日光浴，将皮肤晒成古铜色，被认为健康和富有；如果黄种人也涂上油到阳光下暴晒，其结果是东施效颦，适得其反。同样道理，如果自己的皮肤健康无瑕，只是因为肤色"不美"，就非要弄出一个小白脸来不可，反而会给人以不协调的感觉。肤色乃父母所赐，改变是不太容易的，何况人类的各种各样的肤色都有它的特点和美丽所在。

人云亦云是一种美容强迫症，当一种观念被不恰当地强调时，便会在精神上产生压力，甚至导致病态心理。如不少女性所患的厌食症，实质上是一种美容强迫症。美容强迫症带来了美容后遗症，特别是当美容医学技术被不恰当地应用时，会对人的健康产生消极影响。如20世纪80年代初，风靡一时的液体硅胶"隆鼻术"、"隆胸术"，给不少女士造成了终身痛苦。女人追求美是为了从中找到自信，而不是一味地讨好别人。有首歌唱道："为了让自己看了也高兴，漂亮一下又何妨。"总之，不要盲目追随不适合自己个性的时尚与潮流。

5.省钱省时美容法

(1)冷水法。每天坚持用冷水洗脸，可以刺激面部皮肤的微循环，加速新陈代谢，使面部皮肤红润，皱纹减少，此法对皮肤干燥者较为适宜。冷水法可从夏秋时节开始，逐渐过渡到冬天。②热敷法。准备一盆热水，水中可加入几滴食醋，以较厚毛巾在热水中浸后拧干敷于脸上，反复数次，其后再擦上润面霜，稍按摩一下，能使面部光滑、洁净。③交替法。温水和凉水交替洗脸的好处是：热水可以消除面部皮肤的污物，冷水可以促进血液循环，增强皮肤弹性。

(2)熏气法。将脸洗净，取脸盆、深碗或大杯，在其中装满热水，把面部置于上面，约熏10分钟，再以温水及冷水洗净。这样能够软化皮脂腺内的堵塞物，使皮肤洁净、嫩润，并能补充皮肤细胞新陈代谢所需水分。此法更适用于油性皮肤的人。

(3)擦拭法。米糠擦拭法。把米糠装入棉袋里，浸入稍热的水中，轻轻摇荡三四次，取出后，就可以用它来擦拭皮肤或面部。米糠中的营养素将渗入皮肤里，使皮肤光泽。每隔2~3天用米糠袋擦一次，持续三个月后粗糙的皮肤显得细腻光滑。米糠里面含有丰富的脂肪及维生素B1、B2，这些营养素都能被皮肤直接吸收，但是，必须选择完全没有杂质的米糠才可见功效，否则将会伤害皮肤。

"眉毛脱落"者用垂柳叶阴干为末，与姜汁在铁器中调和，夜夜擦拭，可减轻眉毛脱落。"面疮酒刺"者用白丁香10粒，蜜50克浸泡，早晚轻轻擦拭，日久自祛。

(4)涂抹法。把柠檬汁直接抹在皮肤上面,实施按摩疗法。因为柠檬含有维生素C及果胶等,能够使皮肤的角质软化,使难看的皮肤变得细腻光泽。

把生蛋白涂在皮肤上,可溶掉死皮。蛋白干后用清水洗净,然后擦上紧肤水及润肤品。

把棉花团在冻奶中浸湿,取出后敷眼5分钟。之后再在眼皮上铺两薄片梨或菠萝,使眼睛明亮,去眼肿。

把半匙干麦片与1/8匙蜜糖及一匙牛奶混合成糊,涂在嘴唇上按摩,然后以清水洗净,嘴唇光华润泽。

(5)交替敷面法。黄瓜、西红柿、酸奶以及蛋清,能促进表皮新陈代谢,有软化角质,促进其脱落的作用,每天交替用其敷面,可消斑去皱,长期使用能消除你脸上的星星点点,使肌肤增白。

注意事项:最好在睡前做,20分钟即可,敷面后用清水洗净。切记:不可留其过夜,那样容易堵塞毛孔,阻碍皮肤呼吸。另外,黑砂糖加热融化后加入奶粉搅匀,敷面,长期使用黑色素会消失。

绿色食品

1.“绿色食品”的识别

1) 识别绿色食品标志防伪标签

绿色食品是按特定生产方式生产并经权威机构认定使用专门标志的安全、优质、营养食品。绿色食品标志是在经权威机构认证的绿色食品上使用、以区分此类产品与普通食品的特定标志。防伪标签是绿色食品产品包装上必备的特征，既可防止企业非法使用绿色食品标志，也便于消费者识别。绿色食品标志防伪标签采用了以造币技术中的网纹技术为核心的综合防伪技术。标签用绿色食品指定颜色，印有标志及产品编号，背景为各国货币通用的细密实线条纹图案。防伪标签的发放数量受到监管，以控制企业生产产量，从而避免企业取得标志使用权后，扩大产品使用范围及产量。

目前，一些生产者滥用生长激素和农药、化肥，使农产品有害残留物超标，危害人身健康。部分农药的残留物（如有机氯）在自然环境中难以降解，通过食物链进入人体后不能全部排出，便在人体内存留，人们吃了这种受农药污染的蔬果，容易引起头昏、呕吐，甚至食物中毒，危及生命安全。有些蔬果上的农药侵入人体数年后，才通过免疫系统、分泌系统、生殖系统的紊乱表现出来，甚至会发生癌症病变。

人们往往喜欢色彩艳丽的食品，以为色泽鲜亮，就新鲜卫生。一些不法商贩，利用了这一心理，常常把伪劣食品乔装打扮一番。红肠、方肉、叉烧等熟食，在制作过程中加入了人工合成色素，有的红色素含量超出标准60倍，看上去鲜艳诱人；甚至把死家禽制成“鲜艳”的熟食在街头兜售。有些“雪白”馒头、“洁白”面粉里面含有超剂量的过氧化苯甲酰。这种“增白剂”对人体皮下组织、神经、肝脏极为有害。为此，要学会识别假冒的“绿色食品”。对于无厂址、无批号、无生产日期的“三无”产品或超过保质期的，切勿轻易掏腰包——慎充“好色”之徒。

要选购有信誉的品牌，不买催熟水果。对那些施用了生长素、催热素和大量化肥的水果，以及外观看上去超过正常水平大小的水果、蔬菜，则不购为宜。购买食品最好选择没用或少用人工合成添加剂的食品。拒购无检疫肉制品。减少食用熏制、腌制的食品。尤其是孕妇、儿童等特殊消费人群更应当注意。

如果经济条件许可,可放心购买“绿色食品”。绿色食品分AA级和A级。AA级绿色食品在生产过程中不使用任何有害化学合成物质;A级绿色食品则限量使用限定的化学合成物质。目前,绿色食品的生产规模及品种有限,价格亦偏高。对于大多数人来说,还是以购买便宜的普通蔬果为主。这样,去除蔬果上残留的农药还得靠我们自己。

食品污染的来源:一是化学肥料、农药等在农产品中的残留;二是一些化学色素、添加剂在食品加工中不适当的使用;三是储存加工不当导致的微生物污染;四是工业废弃物污染农田、水源和大气,导致有害物质在农产品中聚集。为了从根本上解决食品的污染,这就需要我们大家从自己做起,人人都来维护生态环境。

2) 识别有农药残留或用激素催长过的蔬菜

一是不买施肥量大的蔬菜。由于化学肥料特别是氮肥(如尿素、硫酸铵等)的施用量过大,会造成蔬菜的硝酸盐污染比较严重。对上市蔬菜检测后发现,硝酸盐含量由强到弱的排列是:根菜类、薯芋类、绿叶菜类、白菜类、葱蒜类、豆类、瓜类、茄果类、食用菌类,硝酸盐含量高低相差可达10倍。其规律是蔬菜的根、茎、叶(即营养体)的污染程度远远高于花、果、种子(即生殖体),这可能是生物界普遍存在的保护性反应。尽可能多吃些瓜、果、豆和食用菌,如黄瓜、番茄、毛豆、香菇等。

二是不买多虫蔬菜。在众多蔬菜中,有的蔬菜容易被害虫青睐,可以称之为多虫蔬菜;有的菜虫不大喜欢吃,可以叫做少虫蔬菜。少虫蔬菜有茼蒿、生菜、芹菜、胡萝卜、洋葱、大蒜、韭菜、大葱、香菜等。多虫蔬菜由于害虫多,不得不经常喷药防治,势必形成农药残留;少虫蔬菜的情况则相反。为了避免过多摄入农药,平时应尽可能选吃少虫蔬菜。

三是不买形状和颜色异常的蔬菜。形状、颜色正常的蔬菜，一般是常规方法栽培的。而异常蔬菜则可能用激素处理过，如韭菜，当它的叶子特别宽大肥厚，比一般宽叶韭菜还要宽1倍时，就可能在栽培过程中用过激素。未用过激素的韭菜叶较窄，吃时香味浓郁。有的蔬菜颜色不正常，也要注意，如菜叶失去平常的绿色而呈墨绿色，毛豆碧绿异常等，它们在采收前可能喷洒或浸泡过甲胺磷农药，不宜选购。买回来的蔬菜，最好在清水中浸泡10~20分钟，可除掉大部分的残留农药。

2002年6月23日人民网讯，宁波市疾病预防控制中心6月19日宣布，宁波首次在青蛙体内分离出一种对人体有较大危害的寄生虫——曼氏迭宫绦虫的裂头蚴。仅一只青蛙大腿里就有5条寄生虫，人吃了这些蛙肉以后就可能会感染寄生虫病。

6月19日上午，宁波市疾控中心的叶丽萍医生在翠柏农贸市场旁买了10只青蛙，在对青蛙进行解剖时，在一只青蛙的一条大腿中分离出5条活生生的曼氏迭宫绦虫的裂头蚴，其中最长的一条有7厘米，最短的一条有0.5厘米。这种寄生虫的生命力很强，寄生在青蛙肉内经过爆炒也不死。如果人吃了含有曼氏裂头蚴寄生的蛙、蛇或鸟肉后，裂头蚴及其分泌的酶就可能钻入人体的眼睛、皮下、口腔、脑部及内脏等，根据侵入的部位不同可引起各种症状，较为常见的是眼裂头蚴病，表现为眼睑红肿、结膜充血、畏光、流泪、微痛、奇痒等，如果裂头蚴侵入眼球内，会造成眼球突出，严重时还会造成角膜溃疡并发白内障失明等，有时人体还并发恶心、呕吐、发热，严重时昏迷甚至瘫痪等。曼氏裂头绦虫一般寄生在猫狗等动物的小肠内，其虫卵随动物的粪便排到水中变成幼虫被蝌蚪吞食后，随蝌蚪逐渐发育同时长大，裂头蚴具有很强的收缩和移动能力，常迁移到蛙的肌肉特别是在大腿和小腿中寄居。市疾病预防控制中心提醒：贪食青蛙、蛇肉、鸟肉，特别是生吃蛇皮和蛇胆，可能后患无穷。

2.衡膳食，合理营养

做到平衡膳食、合理营养，应注意以下要点。

1）食物的多样性

食物包括五大类：第一类为谷类及薯类：谷类包括米、面、杂粮，薯类包括马铃薯、甘薯、木薯等，主要提供碳水化合物、蛋白质、膳食纤维及B族维生素。第二类为动物性食物：包括肉、禽、鱼、奶、蛋等，主要提供蛋白质、脂肪、矿物质、维生素A和B族维生素。第三类为豆类及其制品：包括大豆及其他干豆类，主要提供蛋白质、脂肪、膳食纤维、矿物质和B族维生素。第四类为蔬菜水果类：包括鲜豆、根茎、叶菜、茄果等，主要提供膳食纤维、矿物质、维生素C和胡萝卜素。第五类为纯热能食物：包括动植物油、淀粉、食用糖和酒类，提供能量。植物油还可提供维生素E和必需脂肪酸。

随着生活的改善，人们倾向于食用更多的动物性食物，在一些比较富裕的家庭中，动物性食物的消费量已超过了谷类的消费量。这种“西方化”或“富裕型”的膳食提供的能量和脂肪过高，而膳食纤维过低，对一些慢性病的预防不利。提出以谷类为主是为了提醒人们保持我国膳食的良好传统，防止发达国家膳食的弊端。

2）少吃精米，多吃糙米

吃精米，从营养学角度看，并不是好事。精米，去掉了稻谷壳、糠皮和胚芽，剩下了又白又细的胚乳。这种稻米的胚乳，再经淘洗，剩下能给人们提供的便只有淀粉和热量。我国明代医学家李时珍在(本草纲目)中称糙米有“和五脏、好颜色”的功能。在《食物本草》中载有“米秕即米糠、味甘平、无毒，主通肠开胃、下气、磨积块、作食能充滑肤体,可以颐养。”这说明糙米中的米糠层和胚芽,含有丰富的维生素B、E、C、D,可提高人体免疫功能,促进血液循环。糙米还含有人体必需的锌、镁、铁、磷等微量元素。米糠由于含有可溶性植物纤维,具有通顺肠道的作用,对经常便秘的人大有裨益,可促进肠道蠕动,加快排出废物,减少致癌物质对直肠的刺激。

在经济困难时期,有些人出现了水肿和糖尿病,医生以适量的“老糠饼”作为治疗手段。老糠中的粗纤维素,能吸纳体内部分水分,纤维也能使糖的吸收速度配合胰脏分泌胰岛素的自然速度,取得生理平衡。糙米中的维生素B6和锌,也有助于糖尿病的治疗。胆固醇的积累,是影响中老年人健康的重要症结所在。多吃糙米,肠道内有大量纤维素,就可把胆固醇变成胆汁酸吸收,而减少高血脂的机会。纤维素还有利于促进肠道营养吸收、加快清理肠道作用的乳酶菌繁殖。

为什么在保健食品强手如林的形势下,糙米粉这一新型食品会独树一帜,引人刮目相看呢？这要从糙米粉的药用价值讲起。

先秦时的中医经典《黄帝内经》中说:“稻米者完”,意思是说稻米春种秋收,吸收近一年的阳光和地气,它供给人的营养是完整而全面的。汉代医学家张仲景就用糙米入药,用于白虎汤、桃花汤、竹叶石膏汤三个名方中,这三个名方一直为现代中医学家所用,均能收到良好的疗效。常食糙米,不仅可以安和五脏、去病延年,而且还能润泽容颜。

糙米虽然具有极大的营养价值,但是因为它的外围被一层粗纤维组织包裹,密度极高,人体难以消化吸收,经过长时间的蒸煮营养成分也流失不少。糙米粉的发明既解决了糙米难煮难吸收的问题,又保存了100%的营养,老人、小孩、病人食用起来十分方便。糙米粉保存了糙米的米糠层和胚芽,它含有大量维生素B族、维生素E及丰富的纤维素。现在人们的饮食,变得越来越精细。为追求口感,不少人不愿吃糙米,专吃各类精加工的米,这并不是好事。目前,有些人因吃精米以及高脂肪、高蛋白的山珍海味,已出现成人过量脂肪积累、大腹便便的肥胖症以及高血脂、动脉硬化和糖尿病等症状,小孩子也多有"少儿肥胖症"。要减少现代富贵病,须适当改变饮食的结构。

3)谷类为主,多吃"五色"

注意粗细搭配,经常吃一些粗粮、杂粮等。稻米、小麦不要碾磨太精,否则谷粒表层所含的维生素、矿物质等营养素和膳食纤维大部分流失到糠麸之中。"食五谷,养天年"。要吃多种食物,尽量做到吃多吃杂,争取每天吃"五色"。

"五色"是指食品天然的颜色:红、绿、黄、白、黑。红色代表禽畜肉类,含丰富的动物蛋白、脂肪等营养素。按对人体健康有益的程度排列:鱿鱼肉、鸡肉、牛肉、羊肉、猪肉等。但要注意其动物脂肪的含量,不宜多吃,吃多了对健康不利。绿色代表新鲜蔬菜和水果,能提供人体需要的维生素、纤维素和矿物质等营养素,以深绿色叶菜为最佳。排列顺序:深绿、浅绿、黄、白。黄色代表各种豆类食物(主要是大豆),富含植物蛋白等营养素。最容易被人体消化、吸收的是豆腐和豆芽菜。白色代表主食,米面杂粮都算在内。人体热量的60%以上依靠主食提供,是人类成长发育、工作生活等一系列生命活动的保证。黑色并不可怕,指可食用的黑色动植物。乌鸡、甲鱼、海带、黑米、黑豆、黑芝麻、各种可食用菌,它们含有丰富的维生素和微量元素,还有丰富的优质动物蛋白和其他营养素。五色中,绿色、黄色食物多吃为宜。

4)多吃蔬菜、水果和薯类

蔬菜与水果含有丰富的维生素、矿物质和膳食纤维。蔬菜的种类繁多,包括植物的叶、茎、花苔、茄果、鲜豆、食用藻等,不同品种所含营养成分不相同,甚至悬殊很大。红、黄、绿等深色蔬菜中维生素含量超过浅色蔬菜和一般水果，它们是胡萝卜素、维生素B2、维生素C和叶酸、矿物质（钙、磷、镁、铁）、膳食纤维和天然抗氧化物的主要或重要来源。

有些水果维生素及一些微量元素的含量不如新鲜蔬菜，但水果含有的葡萄糖、果糖、柠檬酸、苹果酸、果胶等物质又比蔬菜丰富，红、黄色水果如鲜枣、柑橘、柿子和杏子等是维生素C、胡萝卜素的丰富来源。

薯类含有丰富的淀粉、膳食纤维及多种维生素和矿物质。我国居民近十年来吃薯类较少，应当鼓励多吃些薯类。

含丰富蔬菜、水果和薯类的膳食，对保护心血管健康、增强抗病能力、减少儿童发生干眼病的危险及预防某些癌症等方面起着十分重要的作用。

5）吃奶类、豆类或奶、豆制品

奶类除含丰富的优质蛋白和维生素外，含钙量较高，且利用率也很高，是天然钙质的极好来源。我国居民膳食提供的钙普遍低，平均只达到推荐量的一半左右。我国婴幼儿佝偻病的患者也较多，这和膳食钙不足可能有一定的联系。大量的研究工作表明，给儿童、青少年补钙可以提高其骨密度，从而延缓其发生骨质疏松的年龄；给老年人补钙也可减缓其骨质丢失的速度。因此，应进食不饱和脂肪酸及维生素B1、维生素B2等。为提高农村人口的蛋白质摄入量及防止城市中过多消费肉类带来的不利影响，应大力提倡豆类，特别是大豆及其制品的生产和消费。

6）慎用保健食品和方便食品

直至今天，对保健食品的概念也没有统一的认识（只是习惯上把满足人们特定营养需要的食品称为保健食品）。近年来对市场的抽查发现，一些产品在营养和功效方面的科学依据都不够明确，部分产品营养成分远远低于指标要求，有的产品食用后甚至还产生了副作用。此外，一些“保健食品”的宣传言过其实，借助似是而非的诸如:“祖传秘方”、“延年益寿”。来瞒天过海,正如一位营养学家所言:“只要能够诱使消费者掏腰包,什么都敢往上说。”

方便面、面包、三明治等方便食品,普遍缺少蔬菜所具有的成分——维生素、食物纤维、某些人体必需的微量元素。这些营养成分若长期缺乏,势必影响身体健康。油炸方便面、奶油面包等多数方便食品,含脂肪量甚高,长期吃可导致体内脂肪增多,容易产生肥胖,这对老年人、心血管病人和身体偏胖者尤为不利。此外,几乎所有的方便食品都是酸性食物,在体内代谢过程中产生大量的酸性,影响大脑的正常功能,容易导致记忆力减退,反应迟钝,对青少年的生长发育不利。蔬菜水果属于碱性食物,在体内产生碱性物质,可中和酸性物质,维护体内的酸碱平衡。人们在吃方便食品时,同时应配吃些新鲜蔬菜和水果。

3. 健康水的标准

许多国家的专家越来越认可美国马丁博士对世界各国饮水与健康的科研报告的分析,他认为健康饮水应该是:水质未受污染,pH值大于7.0略偏碱性,硬度每升170毫克左右,水中溶解性总固体每升300毫克左右。pH值是指酸碱度,硬度则是指钙和镁,也包括锌、铜、硒等的含量。水体中适量的硬度和溶解性总固体是两个有益的因素,它们都和较低的心血管疾病死亡率有联系。

北京IDM生物技术研究所教授提出了健康水的七条标准:不含有毒、有害及有异味的物质;硬度适中;人体所需的矿物质含量适中;PH值呈微碱性;水中溶解氧及二氧化碳含量适中;水分子团小;水的生理功能强。现代人不应只注重水的纯净而忽略了水的生理作用。水仅有纯净是不够的,纯净水不等于健康水。

现在有不少人清晨一打开自来水龙头便饮用，殊不知这样对人体健康很不利。1999年上半年，青岛市第八人民医院接诊两名因经常饮用清晨“死水”导致身体出现产重症状的患者。

据专家介绍，停用一夜的水与水龙头金屑腔室及金属管壁产生水化反应，形成金属污染水（泛黄、有些混浊），导致“军团菌”的繁殖，天气越热，“军团菌”越多，不同体质的人饮用后出现症状不同。将“死水”放掉（约一脸盆左右）后方可使用。建议你在饮用水，烧开水或做饭时，先放掉一股自来水为好。

凉开水，就是把烧开的水倒入茶杯，盖上杯盖，等冷却到20~25℃时就成了一杯凉开水。经研究发现，开水自然冷却后，水中的氯气要比一般自然水降低50%，水的分子结构会发生某些变化，水的表面张力、水的密度、导电率等理化性能都有所改变，其生物活性比自然水要高出4~5倍，与生物活细胞里的水十分相似，因而易于渗透细胞膜而被人体吸收。另据外刊报道，喝凉开水比喝温开水的效果好。

对市场上色、香、味俱全的高档饮料，偶尔少量饮用倒也无妨，但过量贪饮则是有害无益的。在这些饮料中含有糖、人造色素、香精、防腐剂等，饮用过多，不仅易引起喉头水肿、皮疹、咳喘、皮肤瘙痒等症，而且这些物质在胃里停留过久，会刺激胃粘膜，造成消化功能紊乱，影响食欲，甚至还会增加肾脏过滤的负担，对肾功能不利。凉开水贵在“生物活性”的特征。因此，若开水冷却时间过长，空气中的气体再度溶入水中，凉开水会失去“生物活性”的性质。一般说来，晚上临睡前倒一杯开水加盖，第二天早晨饮用较好。

在纯净水的生产中，能脱除掉几乎所有的有机和无机化学合成物，但它也脱掉了几乎所有的微量元素和矿物质。喝自来水还是喝纯净水，与好比吃苹果削皮还是不削皮的道理是一样的。果皮中维生素含量高,但农药残留量也高,你是为了不损失皮中的维生素,把皮中的农药也一起吃进去呢?还是宁可损失这些维生素,而不吃对人体有害的农药呢?专家告诫:纯净水适合作为饮用水的补充,不适合长期饮用,尤其对成长发育过程中的中小学生。

为什么要在晨起饮水后跑步呢?这是因为,人在夜间睡眠时,皮肤和呼吸道要散发出一部分水分,加上肾脏排尿,肌体就相对缺水,以致血液浓缩,血流缓慢,肌体代谢物积存。清晨饮水跑步,能加速血液循环,有利于代谢废物的排泄。近年来研究表明,煮沸后自然冷却至20~25℃的开水,具有特异的生物活性,水内聚力增大,分子之间更加紧密,表面张力加强,这些性质与体内生物细胞的水非常接近,容易透过细胞膜。这对促进人体新陈代谢、增加血液中血红蛋白、增强免疫功能大有裨益。

清晨饮水跑步是一种很好的"振动运动"。由于跑步时四肢的动作,呼吸的加快,腹部肌肉的收缩,这些都将使水分在胃肠道来回冲刷,等于对胃肠道来一次有力的冲洗,使胃肠道保持清洁,这有利于食物被人体消化吸收。

清晨饮水跑步,可以通过较多地出汗来排泄人体内长期积累的某些有害物质,从而起到积极的健身作用。当然,对于不宜剧烈运动的人来说,不妨散步或做其他项目的运动。

一杯白开水,如果饮用得法,也能起到保健防病的作用,而且人人可以做到。清晨起床时,由于血液的黏稠度很高,体内代谢废物堆积,便会产生血流缓慢、供血不足、血压偏低等状态,因此,容易诱发血栓。当"栓子"脱落在脑动脉、冠状动脉的分支内,便会造成缺血性中风、心肌梗塞等。

为此,人们在晨起后,不要急于洗漱,不要急于用早餐,而应该先空腹饮水,并进行适当的户外活动。这时人体胃内的食物早已排空，随着身体的运动，水可清洁胃肠道。水在胃内作短暂停留后，除少量被吸收外，80%的水经小肠吸收进入血液，使血液得到稀释，并促进了血液循环。

在血液川流不息的运动中，新饮进的水经过约21秒钟就能达到身体的每一个“角落”。由于血液黏稠度明显下降，血液流速以及血压恢复正常，因此可以有效地避免心脑血管病患者在上午发生意外。

清晨饮水，不仅可以稀释血液，也同样能稀释尿液，使积蓄一夜的固体废物溶解于已冲淡的尿液中排出体外。清晨饮水，一方面可以清洁尿道，另一方面又可以预防尿酸肾结石的形成。另外，由于清晨饮水，可以通过尿道及时排出可能致癌的物质，因此又可以避免膀胱癌的发生。

清晨饮凉(温)开水可起到以下五种作用：

一能利尿排毒；二有助于防止高血压和动脉硬化；三能起到通便作用；四能预防泌尿系统的结石和感染；五有助于增强消化和吸收的功能。此外，还可以增强肝脏的解毒能力及人体的免疫功能，并有预防口臭和防治咽炎的作用。晨起饮水，最好饮用温度20~25℃的新鲜白开水，饮水量通常为一升左右。国外的一些学者认为，对于一个健康人来说，每天晨饮1000~1250毫升水，就能达到洗涤、净化机体的作用。但是，有活动性胃溃疡的患者，就不宜采用此法。

4. 科学饮水

(1)烧开水时不宜反复煮沸。因为这样的水中亚硝酸盐的含量会增高，对人体健康不利。众所周知，亚硝酸盐是一种致癌物质。

(2)不要喝生水。特别是农村的天然水源，如江、湖、河、井的水,往往含有大量的致病微生物。

(3)应定时定量。饮水同吃饭一样,应该每日喝三至四次,每次一大碗,最好定时定量,不要不渴时不饮,渴急了猛饮一通。生理研究认为,口渴是表示人体水分已失去平衡,细胞脱水到一定程度,大脑中枢已发出要求补充水分的信号。如果人们等到口渴时才饮水是不科学的。

(4)饮水不宜过量。劳动或剧烈运动后,可适量补充水分,但不宜暴饮,以防血容量骤增,加重心脏负担。出汗过多时,饮水中可适当加些食盐,以维持机体电解质的平衡。

(5)饭前不宜大量饮水。否则,会冲淡胃液,影响对食物的消化吸收。此外,胃酸本身有杀菌作用,饭前饮水过多,还会破坏胃酸的杀菌能力。

(6)太阳能水不宜直接饮用。太阳能热水器已进入千家万户,它节能、安全、无污染。但是太阳能热水适宜作洗涤用水,不宜直接饮用。日常生活用的自来水都是经过加氯消毒的,水中绝大多数病菌已被杀死,从用户水龙头流出的水仍有部分有效氯,称为余氯,起持续杀菌作用。但在太阳能热水器的管道、水箱中,自来水停留时间长,余氯已基本分解消失,而且水温常维持在30~50℃,每次放水也不能完全更新。在这样的环境中,一些残留的病原体如沙门氏菌、大肠杆菌等就可能生存下来,直接饮用这样的水,极易引起肠道传染病。太阳能水经过人工煮沸后,可以饮用。

俗语说,“早喝盐汤,胜似参汤”。这是因为淡盐热水对肠壁黏膜能产生透析作用。有利于清除肠壁宿垢。夏天炎热,出汗较多,体内盐分损失较多,如得不到及时补充,就可能发生头晕、恶心、乏力等现象。夏季平时常饮点淡盐水,特别是在暑热天时饮水适量加点盐,对人体是大有裨益的。加盐量不宜太多,一般在0.2%~0.5%为宜。

夏季多饮热茶也是一种降温防暑和调节情绪的好方法。据美国《精神药理学杂志》登载的一项研究结果：饮用热茶会迅速产生一种生理情绪作用，并能起到防暑降温作用，研究人员以16名健康者分别饮用400mL热茶水、咖啡和热开水后，对皮肤传导（一项自主神经系统活动的指标）、血压、心率及皮肤温度作检测项目，同时还测定了唾液皮质醇（一种生理应激指标），同时通过询问表收集了受试者情绪方面的资料。结果发现，各种热饮料对自主神经系统功能均有刺激作用，并可迅速增强皮肤传导，饮后10~30分钟即达到峰值。但比较发现，饮热茶远比饮用咖啡或热水的效果更佳，饮热茶引起的血管舒张反应比其他饮料要强。饮热茶者可降温1~2℃，且降温可保持15分钟左右，而其他饮料却无此效果。

研究人员认为，热茶具有无与伦比的生理“反射”作用，其作用可产生两种效果：一是在热应激（如高温天气、工作环境等）条件下，饮热茶会促使汗腺舒张，排汗畅快，使体内热量大量散发，从而迅速“降温”；二是饮热茶有助于缓解人体外周血管的收缩，因而具有很好的调节情绪作用，这对消除由暑天引起的烦闷、紧张等不良心理状态非常有益。

5.饮茶才能健康长寿

品茶是一种美好的享受，然而你要真正成为一个会喝茶的人，并借以养生保健，预防疾病，达到调节生活、增添情趣之目的，恐怕还要粗略地知道一些有关茶叶的科学知识。

1）选购茶叶

按照制造方法的不同，茶叶基本上分为六大类：红茶、绿茶、花茶、白茶、乌龙茶、紧压茶（即各种砖茶）。随着时代的进步，市场上出现了将茶叶中的有效成分提取出来，制成的罐装饮料和速溶茶。

选购茶叶主要靠嗅觉、视觉、味觉、触觉。鉴别茶叶的外形，主要看茶叶的松紧、色泽、老嫩、净度；内质主要看茶叶的香气、滋味和叶底。一般说，好茶条索紧结重实，细嫩均匀，色泽光润，汤色明亮。次茶条索粗松轻飘，不成条，茶梗多，色泽枯黄，花杂，汤色浊暗。好茶滋味鲜醇，香气持久，次品有烟焦气、霉味或异味。

买茶叶最好去茶叶店或茶屋，那些在马路边出售的茶叶，不仅在风吹日晒中香气尽失，而且还吸附了不少汽车尾气和尘土，这样的茶叶喝了对人体健康不利。

买茶时对照一下茶叶品质和产地，看看是否名实相符。选购茶叶，因人而异。从对疾病的疗效来看，饮绿茶比饮红茶好。花茶一般以绿茶熏花制成，因此具有绿茶的同等功效。

一般来说，青少年宜饮淡茶；青春期发育旺盛，宜饮绿茶为主，红茶偏温，所以饮时不可太浓；少女经期前后及更年期女性，情绪往往烦躁不安，饮花茶有助于疏肝解郁，理气调经；有前列腺炎或前列腺肥大者宜用花茶；妇女产后宜饮红茶，能加点红糖则更好；患胃病者宜用蜜茶；患肝病者宜用花茶；体力劳动者宜用红茶；文字工作者宜饮绿茶；若要减肥去脂，以乌龙茶、普洱茶效果最佳。日本女人称乌龙茶为“美貌和健康的妙药”。法国年轻女郎把云南的普洱茶称为“刮油茶”、“消瘦茶”——“你要外形苗条美丽吗？那就得饮普洱茶”。

茶叶买来最好保存在锡罐或衬有锡纸的纸筒内，若没有的话也应尽量使茶叶保持在干燥避光的密闭容器中，保存时间最好不超过一年，最好是多次少量购买，随买随喝。

2) 怎样饮茶

如何饮茶才能发挥其保健作用呢？简单说是“温茶淡饮”——不要喝烫茶、浓茶、凉茶或隔夜茶，不要把茶和牛奶混合饮用，因为这会使牛奶中的蛋白质和茶叶中的茶多酚结合成不能消化的物质，从而使这两种对人体有益的物质都浪费了。

根据不同的季节饮用不同的茶，对人体更有益。

春季饮花茶。香气浓郁的花茶，可助散发冬天积郁在体内的寒气，促进人体阳气生发。

夏季饮绿茶。绿茶清汤绿叶，收敛性强，氨基酸含量较多，能消暑降温。温热的绿茶，有解暑之功效。英国有一个医学家，在夏天选择了一个特别热的日子，用红外温度记录器对皮肤的温度进行测定。喝了热茶9分钟后，皮肤的温度可以下降1~2℃，15分钟后恢复到原来的温度，并感到凉快、清爽和干燥。

秋、冬季饮红茶。秋、冬季天气寒冷，而味甘性温的红茶，可养护人体的阳气。红茶红汤红叶，给人以温暖的感觉；红茶加糖，有生热复暖之功。日本科学家发现，常用红茶漱口，有预防流感和抗龋齿的作用。因此，在流感高发季节，常饮用红茶或用红茶漱口、洗鼻子，很有必要。

3）哪些人不宜饮茶

溃疡病患者不宜饮茶。茶叶具有消食除积、除烦去腻功效。但是，对于胃溃疡或胃酸过多者来说，应少饮茶，至少不应饮浓茶。

患有严重动脉硬化、高血压病人不宜饮茶。这类人饮茶应慎重，至少在病情不稳定时不宜饮浓茶。这是因为茶叶中含有茶碱、咖啡因、咖啡碱等活性物质。这些物质对中枢神经有明显的兴奋作用，能加快大脑皮层的兴奋过程，使脑血管收缩，这对已有脑动脉硬化的人是一种潜在的危险，它可能促使脑血栓的形成。

失眠者不宜饮茶。失眠的原因很多，但不论是哪一种原因所致失眠，都不宜在临睡前饮茶，尤其不能饮浓茶。茶叶中的咖啡因和芳香物质是一种兴奋剂。浓茶使中枢神经系统及大脑兴奋，使心跳、血流加快，使人久久不能入眠。

孕妇不宜饮茶。茶叶中含有一定量的咖啡碱，而咖啡碱对胎儿产生不良的刺激，影响生长发育。咖啡碱和茶碱又会使孕妇心跳加速、排尿增加，加重孕妇的心、肾负担，容易诱发妊娠中毒症。

4）茶叶保健方

常吃鱼肉荤腥、糖果甜食，容易在体内产生乳酸、尿酸等酸性代谢物，形成酸性体质，使人出现胃肠闷胀、消化不良、情绪急躁、呼吸加快等现象。茶叶是一种优质的碱性饮料。饮茶后，茶水在体内迅速吸收与氧化，产生浓度较高的碱性代谢物，中和血液中的酸性代谢物质，维持血液的酸碱平衡，使人体保持正常的弱碱性状态。据科学测定，茶叶含有蛋白质、脂肪和10多种维生素，还有茶多酚、茶色素、儿茶素、咖啡碱和脂多糖等300种成分，具有调节生理功能，发挥多方面的保健和药理作用。世界卫生组织调查了许多国家的饮料优劣情况，最终认为，茶为中老年的最佳饮料。

我国从20世纪80年代中期至今，一直在进行茶叶的有效成分及其机理的研究，经过在大白鼠和特殊人群中进行的防癌作用的研究证实：茶叶中的茶多酚，包括儿茶素、茶色素对食道癌、肺癌、口腔癌的抑制率最为明显，抑制率为60%。实验证明，茶叶中的茶多酚、茶色素等有效成分，使口腔白斑明显缩小，可预防口腔癌的发生。许多嗜好烟酒的人，也同时嗜好喝茶，这在一定程度上抑制了肺癌、口腔癌及食道癌的发生。这是因为，茶叶对氧化损伤起到保护作用和免疫调节作用。因此，日常多饮茶对健康有利，同时控制烟酒，也是防癌、抗癌不可缺少的条件。

实验证明，茶叶中的茶色素可降血压，抑制心肌肥大，可防止血液黏稠度和血栓形成。此外茶叶还能消除疲劳、抑制细胞衰老，使人延年益寿。茶叶的抗衰老作用比维生素E还强。茶叶的减肥效果也很好，特别是乌龙茶效果尤为明显。茶叶中含有防辐射的物质，边看电视边喝茶能减少电视辐射的损害，提高人体免疫力。为此，人们总结出了以茶入补，养生祛病的多种茶叶保健方。

(1)醋茶:用茶叶3克以开水冲泡5分钟后,滤出茶叶,在茶水中加陈醋1毫升,每天冲饮3次。可治痢疾、牙痛、蛔虫、腹痛等。

(2)盐茶:茶叶3克,食盐1克,每日用开水冲服4至6次,适用于感冒、咳嗽、火眼、牙痛症。

(3)莲茶:先用莲子30克以温水泡5小时,捞出加红糖30克煮烂,加入茶叶即可。有健脾益肾之功,肾炎、水肿患者宜饮用。

(4)菊茶:茶叶2克,干菊花2克,以开水冲泡5分钟。每日饭后饮1杯,有降热解毒、清肝明目、镇咳止痛、降脂抗衰功效。

(5)蜜茶:茶叶3克,蜂蜜2克,开水冲服,饭后饮一杯,可治便秘、脾胃不和。

(6)萝卜茶:茶叶5克,白萝卜100克,先将萝卜用盐煮烂,每日用茶叶冲饮2次,可治肺气肿等。

(7)荷叶茶:绿茶粉2克、荷叶3钱。以沸水冲泡,即可当饮料喝。对口干舌燥、青春痘、脸部皮肤松软、肥胖症的疗效均佳。

(8)山楂茶:绿茶粉6克、山楂5钱。加三碗水煮沸6分钟,三餐后服饮,加开水冲泡即可续饮,每日一服。可以消除赘肉油脂,对淤血的散化和高血压患者也有效。

(9)三七花茶:取三七花3克,绿茶2克,用沸水冲泡,待温后,徐徐代茶饮之。三七花性凉味甘,具有清热平肝功能。迁延性肝炎患者如经常感到头晕、头胀、眼花、耳鸣,可常饮三七花茶。

(10)三花茶:取野菊花12克,金银花12克,红花6克,紫花地丁草30克,加水适量,共煮成汤,温服之。对慢性肝炎,迁延性肝炎患者具有良好效果。

选择散装花草茶,要注意品牌及保质期。要选择茶叶完整、果实颗粒较大,带有一点光泽。还可用鼻子闻一闻,香味浓郁者,泡出茶来味道清香扑鼻,喝起来清爽甘甜。

保存花草茶最好选用棕色纸袋、瓦楞纸箱或软木做瓶盖的深色玻璃瓶。在低温度且日晒不到的地方贮存为宜。花草茶拆封后,最好在三个月内冲泡完毕。

花草茶通常可保存一年,土表以下的根、茎可保存两年左右。由于干燥后的花草茶仍含有5%~10%的水分,所以不能放进塑料袋中,因为袋子内外的温差会返潮而长霉。

5)先冲后泡的方法

(1)先冲后泡是最基本的冲泡方式,即将花茶材料放入壶中,倒入热开水。

(2)待花茶冲开,焖3~5分钟,待茶汁入味再添加其他调味料较好。

6)味道调配

一般来说,一个人饮用的花茶材料约1小匙,可搭配2小匙的冰糖或蜂蜜,或是不含热量的甜菊叶来调味。调味时最好也浸泡2~3分钟,再用汤匙来搅拌均匀,味道较佳。如要泡分量较多,以一整壶茶500毫升来看,理想的茶叶和冰糖比例为3:2,平均的冲泡时间不宜超过5分钟。

7)茶与水的比例

单一的花茶材料,如用500毫升的沸水来冲泡,应取分量为5~10克;混合式的花茶,则每一种材料各取2~3克,就可制造出一壶色彩缤纷的花草茶了。

6.减肥

(1)少吃偏咸过甜的食品,不暴饮暴食。

(2)不要长时间坐、卧、躺,尤其是在饭后;饭后养成散步的好习惯。

(3)平时尽量多运动,诸如少乘车多走路,少坐电梯多爬楼梯，长距离散步、慢跑。养成良好的运动习惯将会使你受益终生。

(4)挺胸收腹，昂首阔步。抱着胳臂走路，会使你的身体不知不觉向前倾，小腹因受到压迫而隆起，此时腹肌处于不出力的状态，脂肪逐渐囤积，赘肉也就跟着来报到了。改变走路姿势，摆动手臂、昂首阔步，走路时伸展筋骨，不仅血液循环顺畅，还会因此而消耗脂肪。

(5)长时间站立时(例如乘公共汽车)有意识地收缩腹部肌肉，使腹部的脂肪进行运动，长期坚持腹部就会变平坦。

(6)腰杆打直、挺胸而坐。人体由骨骼与骨骼相连接而成，而骨骼之间借肌肉联结，哪个部位的肌肉没有张力，该部位就会瘫软，形成赘肉。坐在椅子上把腰杆打直，与挺胸打坐相仿，腹肌和背肌都必须用力，这就是一种运动。坐办公桌前时，与其弯腰驼背，不如养成良好的坐姿，还可以训练腹肌。

有关专家最近揭穿了某些“减肥药”的老底，呼吁人们远离那些“立竿见影”的减肥药。在医药市场上流行的减肥保健品，有以下三种带副作用的化学物质：

一是速尿药。有些减肥品含有叫“速尿”的禁药。速尿作为利尿剂，可通过大量排尿迅速降低体重。专家指出，临床证明速尿的副作用非常明显：口干、心律不齐、疲乏无力、恶心呕吐等。二是麻黄素。不少减肥品中含有麻黄素，这是一种刺激类药物，通过对中枢神经产生作用，加速新陈代谢，达到减肥效果。但它会损害人体器官，因为营养补充少了会使负荷增大，导致焦虑失眠，心动过速。三是芬氟拉明。这是一种食欲抑制品，混在减肥药中，让人服用后不吃不喝也不觉得饿。如将芬氟拉明加工成膨松剂，吃一点就把胃给撑满了，从而减少食物的摄入，达到体重下降的目的。但越来越多的临床研究证明，芬氟拉明实际是一种危及心脏的兴奋剂，会导致心脏瓣膜损害，还会产生腹泻、头晕等多种不良反应。减肥如以泻为主,会引起人体水电解质紊乱,诱发心脏病,会直接危害生命。如果仅以脱水为手段,除了体重会反弹外,还会造成营养中断,带来虚脱、低血糖等后果,危及生命。

肥胖是一种由遗传和环境因素交互作用而致的复杂疾病,是一种由身体内脂肪过度蓄积以致威胁健康的慢性病。要想降低肥胖带来的不良影响与减少肥胖,必须在日常生活中加强体育运动,同时,在医生指导下服用药品,才有成效。对于那些成分不明、作用机制不清、疗效安全未经权威医院临床研究、验证的保健品,误服后会对身体产生极为严重的危害。注意饮食结构,少食肉类、油类、糖类,多吃蔬菜,并控制饮食的数量,同时加强运动,以消耗多余热能,这样才能达到减肥的效果。下面介绍几种自制减肥药粥。

减肥药粥,原料易得,制作简便。减肥药粥是以药物和食物为原料,经过烹饪加工制成的一种具有食疗作用的膳食。以烹调为手段,以防病治病、保健强身为目的,是中国传统医学知识与烹调经验相结合的产物。

1)荷叶粥

处方:鲜荷叶一张,大米100克,冰糖少许。

制法与食法:将荷叶洗净切成3厘米的方块,入锅加水适量,用武火烧沸,再用文火煎煮10~15分钟,去渣留汁,再将大米洗净入锅,倒入荷叶汁,加入冰糖和适量水,熬煮成粥即成。本品可作主食,每日1次,宜常食。

功效:消化湿浊。用于体质肥胖者。

2)什锦乌龙粥

处方:生薏苡仁30克,冬瓜籽仁100克,红小豆20克。

制法与食法:上述原料淘洗干净,均放入锅内,加水煮至豆熟,放入用粗纱布包好的干荷叶、乌龙茶,再熬7~8分钟,取出纱布包即可食用。

功效:健脾减肥。

3)冬瓜粥

处方:新鲜连皮冬瓜80~100克,粳米100克。

制法与食法:将冬瓜用刀刮后洗净,切成小块,再同粳米一起置于砂锅内,一并煮成粥即可。或先用冬瓜仁煎水去渣,再将粳米放入煮粥,每日早晚食两次,常服有效。

功效:利尿消肿,清热止渴。

4)参苓粥

处方:人参3~5克,白茯苓15~20克,生姜3~5克,大米100克。

制法与食法:先将人参切薄片,茯苓、生姜捣碎,浸泡半小时,煎取药汁两次,药汁合并,与大米同煮成粥。早晚各服1次。

功效:益气健脾胃,利水渗湿。适于神疲喜卧,食欲差,大便不实的虚肿者。

5)红小豆粥

处方:红小豆250克,大米100克,食盐、味精少许。

制法与食法:红小豆、大米淘净入锅,加水适量,用武火烧沸,再用文火熬煮即成。每日1次。

功效:利水、渗湿、健脾。用于体型肥胖、面色虚浮不实者。

6)豌豆泥

处方:鲜老豌豆100克,姜、葱、盐、菜油适量。

制法与食法:豌豆淘净,入沸水锅煮烂捞起,菜油入锅烧至六成热时,下姜炒出香味,放入盐、烂豌豆反复翻炒,加入葱花拌匀,起锅即成。每日1次,宜常食。

功效:和中,下气,利水。

肥胖者在少吃肉类、油类、糖类的同时,对以下蔬菜可多多光顾:

冬瓜:冬瓜含的营养成分较少且能去掉体内过剩的脂肪,具有较强的通便作用。

辣椒:辣椒中含有丰富辣椒素。能促进脂质代谢,并可溶解脂肪,抑制脂肪在体内蓄积。

黄瓜:黄瓜与其他营养丰富的蔬菜相比,所含的营养成分较少。而且,黄瓜中含有的丙醇二酸,有助于抑制各种食物中的碳水化合物在体内转化为脂肪。

白萝卜:萝卜含有辛辣成分芥子油,具有促进脂肪类物质更好地进行新陈代谢作用,可避免脂肪在皮下堆积。

韭菜:韭菜中含纤维较多且不易消化,可促进肠蠕动,有较强的通便作用,从而可排除肠道中过多的养分。

绿豆芽:含水分多,食入体内后产生的热量少,更不容易形成脂肪堆积皮下。

大豆及大豆制品:含有丰富的不饱和脂肪酸,能分解体内的胆固醇,促进脂质代谢,使皮下脂肪不易堆积。醋豆里的皂素能排除黏附在血管壁上的一种脂肪,并能减少血液中胆固醇含量。醋豆的制法是:将黄豆洗净,沥干水,炒2~5分钟左右(注意别炒焦)。待冷却后,装瓶,倒入食醋淹泡,加盖封好,一周后即可食。每天早晚各吃数粒。

不可多吃的食物:

乌梅多吃会损牙齿、伤筋骨。生枣多吃,肚皮气胀。番石榴多吃伤肺。酒喝得太多会伤肠胃、损筋骨、麻醉神经,影响神志和寿命。盐吃得太多,伤肺喜咳,令人皮肤变黑,损筋力。糖吃得太多,会蛀牙,使人情绪不稳定,脾气暴躁。饼干吃得太多,易动火气,喉部干燥,易感冒。肉类多吃,引起血管硬化和心脏病。

7.良好的饮食习惯

(1)一日三餐,定时定量。中午要吃好,晚上要吃少。早餐要摄入高热量的食品,午餐要吃以碳水化合物为主的食品,晚餐应以清淡食物为佳。吃饭要定时定量,忌暴饮暴食和吃零食。如乱吃零食或暴饮暴食,将会破坏人体节律,引起体内功能的失调。

(2)不偏食、不挑食。任何一种食物只能有特定的有限营养成分。长期挑食、偏食,会因缺乏某些营养而影响健康。

(3)不吃过热过烫的食物。过热过烫的食物能使口腔和食管受到损伤,使黏膜细胞增生,如再受外界致癌物刺激,就有转变成食管痛的可能。

(4)吃饭时少说话。吃饭说话会使人减少食欲,减少消化液分泌,易引起肠胃疾病。进食时不要蹲着或弯腰、弓背,以防阻碍胃肠的正常蠕动,不利于食物正常消化。

(5)饭前要洗手。不要随便乱用别人的餐具,也不要把自己的餐具借给别人。

(6)饭后要稍加运动,散步为佳。散步可促进食物消化,而剧烈运动会造成胃内消化功能障碍,形成消化不良,甚至会出现急性肠炎等病症。

(7)注意进食之礼。吃饭时,不可用手抓吃,这样,既不文明,又不卫生。要入口的饭,不可再放回食器中。不要将自己的筷子在菜盘里搅来搅去;吃什么菜夹什么菜。吃饭时不可让舌头在口中发出响声。“唯食忘忧”,吃饭时不可唉声叹气。轻拿轻放,细嚼慢咽,文明举止,身心健康。

绿色旅行

外出多用公共交通工具,必要时才乘计程车;

提倡骑车、步行,尽量不买不用私家小车;

若有可能，少乘电梯，少坐车，步行高楼能健身。

做些不会污染的体育运动，如打太极、踢球、慢跑、健行等。

明媚的春天，万物复苏。桃花灼灼、杨柳依依，正是踏青问柳、欣赏大自然的好时光。绿色植物能分泌出杀菌素，净化空气，也能安定人的神经，使人情绪稳定，并且增加空气中的“长寿素”——负离子。绿色葱茏的田野，空气清新，环境幽雅。常到这些地方，等于是在做不花钱的空气浴、森林浴、日光浴。帮助你吐故纳新，气血顺畅，延年益寿。

野外运动有助于阳气的生发能改善机体的新陈代谢及血液循环，增强心肺功能，锻炼腿脚筋骨，还能改善睡眠，强健肌肉，减肥健美。“春困”也会因运动刺激、视觉刺激、温度刺激等得到减少，使你精神振奋，工作和生活更有情趣。

要注意的是：春天的气候多变，一些流行性传染病易发生，野外踏青时要备足防寒衣物，以防不测。出汗时不能脱太多的衣服，并应及时擦干汗水，尽量不坐湿冷的地面，避免患感冒等疾病。

“请不要采摘身边的花朵，她还要向过往的每一个人微笑。”对植物或花卉不要随意采摘，以免有的植物引起皮肤过敏甚至发生中毒现象。野果、野菜、野蘑菇更不能随意食用。做到不踏踩贵重植物，不采集受保护和濒危的动植物样品。

“一棵大树可以制成千万根火柴，一根火柴却能毁了千万棵大树。”不要在森林山场随意生火，丢弃烟头，以免发生火灾。不追逐、不投喂、不恐吓野生动物。不丢弃垃圾、不污染水土。主动参加保护自然生态的公益活动。

1. 中国古典园林的妙趣

中国古典园林的主要特点是：因地制宜，掘池造山，布置建筑花木，并利用环境组织借景，构成富于自然风趣的园林。有山有水，风景旖旎，充满诗情画意。

中国古典园林可以分为四个类型：帝王宫苑，宅第园林，寺庙园林，名胜园林。北方的帝王宫苑，多为大型的人工山水园和大型的天然山水园，如北京的颐和园、承德的避暑山庄等。江南的宅第园林则为庭园式或小型的人工山水园，以精巧幽雅、玲珑剔透为特征，其中又以苏州园林为最具代表性。苏州的名园有沧浪亭、狮子林、拙政园、留园等。

中国古典园林是自然山水园，对于水的利用有极深的研究和实践。在造园时，傍水筑屋，凌水设榭，依水安亭，处处着意于利用有限的水面，创造富于意境的园林空间。对水的处理顺其自然，运用多种造园手法使其有隐有显、有曲有直，并以亭、榭衬托，波光倒影、迤丽多姿。池水配石，树旁布石，更添雅趣；山借水活，水借山清，水面映影中之山石更觉高远，山石衬托下的水面愈感幽邃，山、石、水、木浑然一体。在水回路转的园林中漫步，一幅幅多彩的画面扑入眼帘，领略湖光山色之美，独得清幽脱俗之妙。

(1)园在城中，城在园中。草坪代表着一个较高水平的生态有机体，是城市环境的清道夫和卫士。草坪的叶面积为地表的20~28倍，80%以上的有害尘埃，从绿地设施内的空气中消失。以草坪绿地为基调，道路、广场、公园种植草坪及树木，使城市成为一个绿色世界。城市园林建设宜做到通透式，没有人为设置的围墙。绿篱、疏林、草地线条简洁，视野开阔；树、草、花自然结合，使人、城市与自然景观融为一体。“园在城中，城在园中”，城市掩映在万绿丛中。

(2)城市中心建绿岛。在人口稠密的地区有计划地建造公园、绿地或者修建人工湖。这些设施，尤其是在夜间能使城市空气变得凉爽、舒服。这些设施，使建筑密集的地方和公园之间因温差会形成微风；正是和煦的微风，能起到调节气候、改良环境的作用。目前，我国许多新建城市在按规划建设公园、植物园、公共绿地和街道花坛，使城市建筑融于园林绿化之中。但也有一些城、镇从商业利益出发，水泥铺就的步行街上居然连种植绿化树的空地都未留下。没有绿色光顾的城市，纵使经济再发达，也是了无生趣、死气沉沉。谁愿意到这种地方投资、观光、居住呢?

(3)建筑物的垂直绿化。进行城市绿色空间的再创造：建筑物外墙以及城市立交桥的垂直绿化。运用现代建筑与园林科学技术的手段，多层次、多空间，发展室内耐阴植物及屋顶、阳台、窗口等空间的绿化。墙面垂直绿化主要采用藤本类攀缘植物。为达到四季常青的绿化效果，可选择灌木类冬青和藤本类常青藤等，向上生长或向下悬挂的常青植物作为基调，加之不同季节的花卉种植，使整个建筑绿色包装生机盎然。

(4)建筑物的包装绿化。通过建筑物前、后、左、右和屋顶五大面积的绿化来实现。屋顶绿化技术近年来在我国有较大的发展，如西安市东方大酒店的屋顶平台绿化得就很好。屋顶或阳台由于处在高空，阳光充足，通风通气，只要有良好的浇灌条件，一般绿化的长势和生长力都比地面好。随着科学技术的发展，无土栽培和滴灌等技术逐步在运用中，屋顶绿化技术已基本成熟。

(5)绿色立体感：点、线、面、圈相结合。所谓点，就是城市的小绿地、小景点的建设；所谓线，就是道路的绿化；所谓面，就是大的公共绿地；所谓圈，就是围绕市区的环状绿化带。尤其是大的绿地、景点要充分体现起伏的特征，给人以动态的美感，大块色彩对比为特色，精心搭配不同花卉或不同植物，大面积栽种与组团造型相结合，给人以绿色的立体感。

2. 中国著名的植物园

1) 北京植物园

位于北京西郊香山公园和玉泉山之间，建于1956年，占地面积近千亩。收集栽培各种植物3000多种，是目前我国北方最大的植物园，也是专门从事植物引种和驯化理论研究和实验的科研基地，还是进行植物知识科普的园地。全园的中心是植物展览温室，均为玻璃建筑，其中有石头花、光棍树、舞蹈植物。还能看到能吃虫子的猪笼草，和世界孑遗植物——银杉（距今300万年前的古老植物），目前只有我国还保存着这个珍贵的树种。在这里，也展出一些国家元首赠送我国的珍奇植物。北京植物园还在园内成立了一个国家植物标本馆，以植物标本库、植物分类研究室、植物分类实验室和学术报告厅四个部分组成。

2）上海植物园

建在龙华古塔附近，面积20万平方米，突出盆景特色。内设盆景园、草药园、牡丹园、环保植物区，有树桩、山石盆景近万盆。园内还云集了几百棵名贵的五针松，还有240年树龄的盆栽石榴树。盆景园还有各种水石盆景，吸引着众多的中外游客。

3）杭州植物园

建于西湖畔玉尔山。占地200万平方米，拥有植物3000多种，分实验、植物两大区。实验区分驯化、果树实验、禁伐三小区。展览分为六小区：植物分类区、经济植物区、树木园区、山水园林区、竹类植物区（种竹100多种）、观赏植物区（分为木兰、山茶、海棠、碧桃、桂花、紫薇、杜鹃等专园）。

4）南京中山植物园

1930年建于南京紫金山中山陵附近，植物园的大门雕有国树银杏的标志，入园两行银杏夹道。全园占地186万平方米，分九个种植区，收集国内外植物2000多种。药用植物700多种，亚热带植物700多种，仅单以松柏类为主的针叶树就有70多种。其中温室最为精彩，内有浑身无叶的光棍树、龟背竹、美登木、捕蝇草等。美国前总统尼克松赠的红杉树，美国薄壳核桃，挺拔如笔的铅笔松等十分奇特，游人到此，大开眼界。

5）庐山植物园

位于长江中游避暑胜地庐山之巅，占地4400亩，种有各类草木和木本植物3400余种。松柏类植物搜集了240多种，占全球品种的三分之一。它搜集的名贵品种有庐山的金钱松、苍山的冷杉、丽江的云杉、浙江的铁杉和黄杉、美国的花旗松、日本的金松和扁柏、美国的香柏、欧洲的落叶松等。在山谷幽深之处的沼泽地带，还种植了大量花色鲜艳的鸢尾科植物。在岩石裸露之地，辟有著名的杜鹃园，搜集了国内外七八十个名种杜鹃。每当花开季节，姹紫嫣红，五彩缤纷，是观赏的好去处。

6）沙生植物园

甘肃省民勤县沙生植物园，坐落在腾格里沙漠南缘的民勤县西沙窝中，距民勤县城西南16千米。每年有不少的中外游客到此参观。

沙生植物园占地1004亩，园内建有观赏植物区、中草药植物区、濒危植物区等十余个区，共收集沙生植物450余种。在这里，草类有白腊、刺槐、复叶槭，可谓是名目繁多。灌木有木蓼、柽柳、锦鸡儿，举不胜举。松柏如伞如盖，槐榆虬曲多姿，红砂匍匐行地……

沙生植物园还建有治沙科技展览室，植物、动物标本室等科技展览室。沙生植物园是民勤县治沙综合试验站，于1974年创建，1981年通过林业部主持鉴定验收，获部级科学成果二等奖。

3.风景区的自然化特点

据悉，近几年全国人造景点已超过1000座，其中占地超过1万亩的有7个，最多的达6万亩。已知的145个景点投资总额达703亿元以上，其中超过10亿元的有20个，最多的达几十亿元!但社会效果和经济效果多不尽如人意，不少地方的人造景点门可罗雀,同开业时的喧哗热闹形成鲜明的对照,有的甚至关门停业。究其原因,一是庸俗低级。为数不少的这“宫”那“院”以粗俗作有趣,拿腐朽当神奇,宣传封建迷信,粉饰妖魔鬼怪,让人花钱欣赏文化垃圾。二是缺乏文化品位,有的竟然是没有文化的大款在那里瞎摆谱、乱弹琴。三是重复建设,造成浪费。有的小城市不过十余万人,也要划大片土地,搞亚洲或世界的什么“中心”,其结果只能是劳民伤财,浪费国家宝贵的土地。把风景区变成低级的游乐场,把风景游览线搞成商品经济开发区,实在是大煞风景,是一种唯利是图的破坏性开发!中华民族历来崇尚自然、热爱山水,国家风景区要自然化,这既是保护环境的需要,也是人们“回归自然”的愿望。

所谓自然化,包括两方面内容,一是尽可能地保存、保护风景区的现有自然面貌,并采用现代科学技术,尽力恢复已被破坏了的植被生态;二是人工建设要自然化,“虽由人做,宛自天开”。为了让游人尽可能多接触自然,服务设施应限制在最小的限度内,并以自然为主体,因山就势、因境制宜,小型、分散、隐蔽的山庄化形式,使其与自然协调融合。

4.做到绿色出行?

有调查证明,公交车和私家车在人均排污方面的比例:氮氧化物为1:11,碳氧化合物为1:15和1:16,道路占有量为1:7。而地铁包括轻轨则有运量更大、速度更快、污染更低、噪声更小等优点。所以,在国际上对地铁和轻轨有绿色交通的说法,许多国家提倡乘地铁和公共汽车上下班。

日本东京的私人轿车比中国北京多,但是却有80%甚至更多的人乘公交车或地铁上下班。日本方面曾经表示,他们的一项调查表明,平均算来,北京1辆轿车一天跑的里程是他们4辆轿车一天的总和。

公共交通、自行车和汽车可以方便人的行动。但从保护环境的角度看，三者之中最有前途的还应是公共交通和自行车。中国人口多、土地少，若建立一套如美国那样以汽车特别是私车为中心的运输体系，侵占耕地，人、车密度更大，给多数人带来的只能是灾难。提倡使用自行车和公共交通系统，在限制轿车生产的同时，加速扩大自行车的生产，对世界各地的人们都是大有好处的。自1969年以来，自行车因其健身、休闲、环保等优势，作为物美价廉的交通工具，普及程度一直在提高。由于对空气污染、交通堵塞、二氧化碳排放和土地缺乏等的担心，以及在今后几年粮食短缺形势的严峻，自行车将因其节省土地和稳定气候的长处而更受欢迎。特别是在距离不是很远，或时间不是很紧的情况下，骑自行车或步行除有利于环保外，更有利于身心的健康。

能做到以上这些，就是向绿色出行迈出了一步。

面对车多路塞、污染严重的城市，人们不得不调转回头，重新选择公共交通。实现绿色交通管理最主要的内容是发展全方位、立体化的公共交通网络。研究表明，完成一次同样的出行，使用公交车与小汽车所占用的道路面积比为1:7；而一列地铁或轻轨可同时解决500~600人的出行，相当于减少125~150辆轿车的使用量。所以在目前巨大的交通压力下，应优先选择大运量、高效率的公共交通工具。地铁和轻轨为主要干线，各集散点辅之以各种公共汽车组成子网，形成便利的换乘系统；同时开辟公交专用道，使它在滞留时间上少于其他交通工具。这也是发达城市居民出行的模式，如香港人口不到上海的一半，但公交客运量却与上海持平，说明优先发展公共交通系统可以吸引大多数出行者。

巴黎用“单双号”限制地面车辆，唯独对公共汽车网开一面，且让人免费使用，还要为之加装空调，以提高舒适度。连被私人轿车挤出路面多年的有轨电车，也被请了回来。公共汽车的主要问题是守时不够准，乘客心中无数，心情烦躁。为解决这个问题，卢森堡市各车站都设了电子线路牌，向等车人显示着车辆的实时运行情况，乘客据之能计算出车到各站的时间。当司机预感误点时，则可通过中央调度系统改变面前的信号灯，随即一路绿灯行驶。相比之下，我国一些发展中大城市被光怪陆离的私人轿车搞花了眼，忘记了大众利益，忽视了公共交通。据说，我国某大城市快把公共汽车挤出马路了。各种缘由，值得深究。这恐怕已超出纯粹的交通问题了。“创立新制，最忌导人以奢”——诚哉斯言。还有人说，有身份的人不乘公交。如果说，靠小车的豪华去摆谱，以污染环境、损人健康为代价，去哄抬自己的身价，那叫俗气和虚伪。

笔者曾目睹北京的一个导游，指挥十余名外地游客翻跨马路护栏，横穿马路。这位导游已经把他的客人导入了一个危险的境地。一些骑车人，在交通路口随意闯红灯、逆行或带人，极易出事故。笔者在人行横道上通过时，常与那些抢路、抢速和争分夺秒的骑车人擦身而过；在上下班的高峰期间，人行道常被机动车堵得严严实实的，而非机动车道，又常被人乱挤占。

据悉，全球机动车拥有量已超过9亿辆，每年因道路交通事故致死者近100万人，受伤者约数千万人；我国1998年机动车已达4507万辆，每年因车祸致死的人数已接近10万人，伤数百万人。

各国对交通事故原因的统计表明，人为的因素占90%以上，车辆和道路因素所占比例很小。我国1997年的统计表明，交通事故中人的因素占92.9%（其中司机占83.6%，非机动车手占4.4%，行人和乘客占4.9%），车辆因素占4.5%，道路因素占0.1%。路段上经常会有行人、骑车人乱穿，给汽车驾驶员一个措手不及；另一方面，在人行横道处，开车人丝毫不减速，没有任何让行的表示。

没有现代交通观念和行为，车祸只会与日俱增。有关部门的分析认为，机动车和非机动车及行人在同一道路平面上通行的“混合交通”，是我国多年来道路交通事故居高不下的主要原因。

何为现代交通观念？那就是车辆、行人要各行其道。而各行其道的前提又是什么呢？仅就穿行道路而言，就是行人的绕行和骑车的让行。在全社会宣传、普及与自行车有关的交通管理法规，强化骑车人的法制观念，促使骑车人自觉遵守行车规则。

在发生车祸的直接原因中，95%属于人为的因素，因此对所有道路使用者（司机、乘客、行人）应进行交通安全教育，力争做到人人遵守交通规则。司机要严格执行司机守则，这对减少交通事故及其所致的伤亡，具有极重要的作用。

现代文明的交通行为是：汽车大道路上飞驰，没有任何其他车辆和行人横穿马路，驾驶员尽可放心大胆地开车，不必担心会有行人进入马路。而在划有人行横道线的地方，汽车戛然而止，让行人优先通过。一切都那样有秩序、和谐、有条不紊。

在外旅行者，小心车辆，学会绕行与让行。

5.绿色交通

21世纪是环境保护与经济发展的世纪。大力开发“绿色交通”正是可持续发展的必然趋势。绿色交通工具，是指在行驶中对环境不发生污染，或只发生微量污染的载客工具，它的使用是建立城市绿色交通体系的必要条件，对改善大气质量起着举足轻重的作用。大载量、无污染、速度快的绿色交通工具，非地铁莫属。除此而外，天然气汽车、电动汽车、太阳能汽车、氢燃料汽车等“绿色汽车”将在未来通行天下。

1）燃气汽车

世界石油组织发出警告：世界石油资源探明储量为1350亿

吨，即使加上潜在储量，按世界石油消耗递增速度计算，也不过维持50年；中国石油资源短缺问题更为突出，已探明的石油储量可开采使用时间低于世界平均水平。与此同时，以石油为燃料的机动车，排出的废气，严重地污染了环境。汽车排气已成为北京、上海、广州等大城市空气污染的主要原因。在洛杉矶、东京、西欧一些大城市，都曾出现因汽车尾气排放一天内突然死亡几百行人的悲剧。寻求使用新能源，改善环境状况，迫在眉睫。为此，发达国家汽车行业投入了大量资金研究开发天然气汽车、电动汽车、太阳能汽车等“绿色汽车”。

根据选用燃料的不同，天然气汽车可分为三类：压缩天然气汽车、液化石油气汽车、液化天然气汽车。目前的天然气汽车大多是在汽油车的基础上改装的，又可烧油，又可烧气，所以叫双燃料汽车。它具有清洁空气等诸多优点。我国天然气资源丰富，到1998年，全国已发现油气田132座，年产量超过200亿立方米。据专家预测，今后15年，我国天然气产量将会成倍增长，为天然气汽车的发展提供充足的资源保障。

目前，世界上已有40多个国家推广应用天然气汽车。在日本，1962年就开始采用液化石油气(LPG)汽车作为出租车，现今约有30万辆LPG车奔驰在日本国内，成为出租汽车的主力车种。

1998年9月15日，我国第一条天然气汽车公交线路在西安市投入运行。这条天然气汽车公交线路全长近20公里。据驾驶天然气公交车的司机们介绍，汽车使用天然气后，每百公里消耗的燃料费用只相当于过去的一半；另外，汽车废气排放量减少了90%。在上海，液化气出租车驶上了街头；在广州，公共汽车已逐步改用液化气汽车。北京公交总公司对公交汽车开始了改装工作，120辆燃用液化石油气的汽车奔驰在2路、10路、39路等5条线路上。据悉，几年内，北京市将对2万辆汽车实行改装，其中液化石油气与压缩天然气汽车各1万辆，建设两种加气站约50~60座。随着越来越多的天然气汽车驶入现代都市，城市的空气将得到改善，我们有望呼吸到清新健康的空气。

2）电动汽车

随着日趋严重的环境污染、日趋紧张的石油供应，人们又重新把目光投向了电动汽车。西方发达国家纷纷启动电动汽车。美国以洛杉矶市作为电动汽车示范区。法国对电动车实行大幅度优惠的条款。对于电动摩托车和电动小货车等其他车型，也有特别补贴。1997年5月，国家科委、国家教委和机械部在清华大学通过了国家"八五"重大科技攻关项目：电动汽车关键技术研究。清华大学与北京客车总厂、北京电机总厂、中科院上海硅酸盐研究所等单位联合攻关，取得了11项科研成果，研制成功7辆16座电动轻型客车。其中，两辆样车在京郊已安全行驶6000公里。经在试车场测定，一辆装有稀土永磁电机的样车最高时速达到82.9公里。从0~40公里/小时加速能力为14.3秒，一次充电可行驶120公里。

3）太阳能汽车

在联合国教科文组织的倡议下，世界太阳能首脑会议于1996年9月在哈拉雷召开。会议呼吁世界各国要开发利用太阳能以及其他可再生能源的示范项目。这次首脑会议主席在闭幕词中说："我们的地球现在正受到环境污染、臭氧层破坏、温室效应、沙漠化和毁林的破坏，这种破坏比过去任何时候都严重。我们要取得可持续发展，必须解决这些危机。而可再生能源，特别是太阳能的开发和利用是解决危机的可行性办法。"

开发利用太阳能、风能、地热等可再生能源，这是有效地缓解能源危机和减少环境退化的途径。据悉，"中国一号"太阳能电动轿车，1997年在江苏连云港市问世。这种新型轿车长4.65米，呈牛背式状，其前端盖面和顶端盖面共装有4平方米的太阳能光电板。全车由光电转换、电子调速、电控显示、机械传动等四大系统程序组成。据测试,"中国一号"的储备电能、电压等数据和设计水平,已接近或超过了美国、日本等国家的第一台太阳能试制车技术状况。

4）氢燃料汽车

2000年悉尼奥运会上,氢燃料汽车——"氢动一号"成为马拉松赛引导车。早在130年前,儒勒·凡尔纳就预言,水是未来的煤,我们要成功利用构成水的元素——氢和氧。用氢气代替石油和煤炭。用氢作燃料的主要技术是对水进行电解,用户可以使用氢和甲烷的混合物。

由于氢燃料中不含有碳,车辆的唯一排放便是水蒸气,十分有利于环境保护,改善城市的空气质量。现在科学家们开始考虑用氢作为未来的主要能源,用氢作汽车燃料,是未来汽车燃料的发展方向,人类将进入氢时代。

5.旅游前应做好准备

外出旅游不比在家里,其活动地区多数为郊区,有诸多不便,所以行前须做好充足的准备,否则在旅游活动中遇到这样那样的困难和问题,就会束手无策,使旅游受挫,甚至扫兴而归。行前应做好以下几方面的准备:

查阅资料。行前,最好准备一份旅游的路线图和旅游地的地图。要对旅游地有所基本了解。了解旅游地区的历史地理、掌故传说、乡土人情、风味特产等诸类情况,还可以咨询一下去过的人。否则,虽身临名胜,只能浮光掠影,看看表面,收获不大。

物品准备。少量日常盥洗用品。少量备用药及个人常发疾病用药。夏天宜带些风油精、十滴水、退热片、抗生素、黄连素等常用药。防晕车、防创伤、防腹泻、防中暑、防感冒和消炎的药是必备的，酒精棉球、消毒纸巾也应随身携带。

特殊旅游的物品准备。徒步旅游须带遮阳物品（太阳伞、太阳镜、遮阳帽、防晒霜等）。自行车旅游带自行车的修理工具、气筒以及遮阳物品。野营旅游须带帐篷，睡袋或卧睡用具，御寒衣服，锅、取水用具，还可带上行军锹、塑料袋等。

钱票的准备。俗话说，穷家富路。多带一些钱，以防万一；有各种信用卡的，也要带一些钱，很多地方特别是边远地区不一定能兑取现金。如旅游兼走亲访友，须将亲友地址、电话备好。

证件准备。行前首先要准备好居民身份证、学生证、工作证；团体旅游还要准备好介绍信；结婚旅游要准备好结婚证，到特区与边防地区旅游还要办好边防通行证。

(1)行前要相约三五人同行，避免独自一人，以防意外。结婚旅游，最好也参加旅游团体，既有集体活动的快乐，又不影响两人的生活之乐。

(2)旅行中钱物要保管好，钱分开几处存放。不要只放一处，外边只留一些零用钱。

(3)搭乘车、船、飞机要把自己的物品集中在一起，到达自己要下的港站时，应先查点一下自己的东西有无短缺。

(4)文明旅游。不要在文物上乱写乱刻乱画，不要攀折花草。吸烟者，烟头不要乱扔。每至一处，首先看一下标志，是否禁止吸烟。入乡随俗，要遵守当地的规章制度。

(5)注意安全。无论骑车与行走，都要遵守交通规则。乘车船时不能携带违禁品，不可抢上抢下。在车站候车，车进站时不要离车太近，以防不测。

(6)讲究卫生。不吃不干净的食物，不饮不清洁的水。勤洗澡，勤洗换衣服，饭前便后洗手或消毒。女士在旅游期间月经来临，要注意经期卫生，并适当休息。

7. 外出旅游算好经济账

有些人喜欢三五成群地、自由自在地游山观水。事先算好经济账，方能潇洒地走一回。旅游费用大致可以分为交通费、伙食费、住宿费、景点门票费、游览购物费五部分。

为节省开支，出发时必备物品如洗漱用具、换洗衣服、常用药品、雨具、照相机等要带上。到达景点时，对一些制作粗劣的工艺品和地方特产最好不要购买，要节省不必要的支出。住宿可以不追求档次，只要能休息好就行。最好不要在车站、码头、机场附近找旅馆，这些地方有“宰人”之处。一些闹市区里，也有价格低廉、卫生清净的小旅馆，这样的住处大多靠近公园或景点。如今，某些景点旅游费用增加越来越多，除名胜景观外，还有许多哗众取宠，纯粹为了赚钱的人造景点，他们的收费有时远远超出景点门票费，进去后方大呼上当。因此，像这样的“景中景”最好不去。如果身体条件许可，完全可以不乘坐索道缆车，靠徒步登高来享受自然的乐趣。仔细选择旅游景点和交通工具，也可节省许多开支。一些城市推出的“一日几游”这类服务项目，虽然方便，但价格较高。眼下，几乎所有的著名游览景点都通公共汽车或旅游专线车，价格便宜实惠，如果时间不是很紧，乘公共汽车还是划算。

8. 选择旅行社

合格旅行社的标志至少有三：一有《旅行社业务经营许可证》；二有工商行政产理部门核发的《营业执照》；三有核准的业务范围。建议您出行前，与旅行社签好合同再上路。如果旅行社不按合同办事，要将其违约事实和造成的后果记录下来，取得相应证据，并妥善保存以备投诉之用。

不要轻信诱人的旅游广告，而要认真审查旅游公司的经营范围和资格，以免上当受骗。不要参加直销商组织的无门市、无执照、无发票、无全陪、无保险的低价旅游。还要向旅行社了解旅游价格中所含的具体内容。

学会据理投诉。按国家颁布的《旅行社管理条例》《旅游质量保证金赔偿暂行办法》和《消费者权益保护法》等法律法规对旅行社的行为予以认证，维护自己的合法权益。但旅游者也应注意，合同双方的地位是平等的，自己本身要遵守有关规定，尽到自己的责任。要为对方和他人着想，这样方能做到平安旅游愉快旅游。

9.乘机、乘车要慎用手机

在飞机上，手机的辐射人命关天。手机只要打开电源，便处于待收（待机）状态，向外辐射无线电波。手机在待收情况下，会不停地与地面基站进行信号联系，虽然每次发射信号的时间很短，但具有很强的连续性。

飞机在飞行过程中，飞行员借助于飞机上的无线电导航设备与地面导航台保持联系，以控制航线。手机辐射出的无线电波会对飞机上的导航系统形成干扰，尤其当飞机处于低空状态飞行时，受干扰的程度更严重。因为飞机飞得愈高、乘客手机距地面愈远，不能与地面基站进行信号联系，而当飞机降低高度或处于起飞、降落状态时，手机就能很方便地与地面基站取得联系，从而对机上导航系统产生严重干扰。据此，我国《民航安全保卫条例》中明确规定：乘客登机要关掉移动电话、电子计算机、电子游戏机。

“一手接电话，一手方向盘”所造成的交通事故不亚于酒后开车。即便使用了手机车载免提系统，也不能保证安全。因为开车中使用手机，会使驾驶人员注意力分散，情绪波动性增大，反应速度降低，这些都是导致不安全的因素。

根据最新医学研究结果，使用便携式电话的波段是超短波段，这种电波对人体的健康是有影响的，无控制地受到超短波的辐射会引起疲乏、头痛等症状，多次的重复辐射还可能导致患白内障和其他病症。一些专家认为，功率超过5瓦特的无线电话对健康可能造成危害。这类手提电话在听筒里装有功率2~8瓦特的发射机，如果使用时将它贴紧头部，有损健康。请您注意：让听筒与头部保持3~5厘米的距离。

安全乘飞机十要（十大飞行安全守则）

对经常旅行的乘客来说，除了不可预测的天灾或机械故障等因素外，乘客自己可借熟知"十大安全守则"，在关键时刻救回宝贵生命。

（1）选择直飞班机。统计数据指出，大部分空难都发生在起飞、下降、爬升或在跑道上滑行的时候，减少转机就能减低碰到飞行意外的几率。

（2）选择至少30个座位以上的飞机。飞机机体越大，受到国际安全检测项目也越多、越严，而在发生空难意外时，大型飞机上乘客的生存几率也相对比小飞机来得高。

（3）熟记起飞前的安全指示。各种不同机型的逃生门位置都不一样，乘客上了飞机之后，应仔细听清楚空服人员介绍的安全指示，如果碰到紧急情况，才不会手足无措。

（4）不携带大件行李。许多乘客为了节省领行李的时间，喜欢把大件行李随身带上飞机，从而减少了飞行安全的系数。飞行安全专家说，如果飞机在紧急事故发生时，座位上方的置物柜通常承受不住过重物件，许多乘客都是被掉落下来的行李砸伤头部甚至死亡。

（5）随时系紧安全带。在飞机翻覆或遭遇乱流时，系紧安全带能提供乘客更多一层的保护，不至于在机舱内四处碰撞。

(6)服从机上人员的安排。意外事故发生时，要服从乘务人员的指示——他们在飞机上的首要任务，便是为了维护乘客的安全。

(7)不要携带危险物品上飞机。像汽油罐、烟花爆竹等危险品，不应该带上飞机。

(8)不要在飞机上喝太多的酒。由于机舱内的舱压与平地不同，过多酒精将使得乘客在紧急时刻应变能力减缓，丧失逃生的宝贵机会。

(9)慎取慎用高温液体。咖啡、热茶这些高温的饮料，都应该让受过专业训练的乘务员拿取。乘客自己拿这些高温液体，常会发生烫伤意外。

(10)头脑冷静，随时保持警觉。一旦发生意外，不要惊慌失措，在空服人员的指示下尽快离开事故现场。

10乘飞机还应注意事项

(1)拿到机票后，应检查机票填写的班次、日期、途经城市、到达城市是否正确，座位是否确认。

(2)乘国际航班，一般可免费托运行李20公斤(头等舱30公斤)，行李超重部分交超重费。

(3)乘机前提前一些时间到达机场，以便有足够的时间办理各种手续。

(4)飞机座位顶上有聚光灯和呼叫空中小姐的按钮，有事可按钮呼叫。

(5)飞机中途加油时，乘客一般下机休息。有时可凭过境登记卡在候机室喝咖啡、汽水。但不得随意离开过境候机室，以免误机。

(6)如遇气候不好,改降其他机场,不要慌张,一切由航空公司负责。

(7)飞机上有各种灭火装置、安全设施、紧急制动阀、按钮等。均不得随意触动,有的国家规定:无故按动紧急制动装置,将判处徒刑。

(8)乘飞机万一丢失行李,可找机场行李管理人员或所乘航空公司协助寻找。一时找不到,可填写申报单交航空公司。确实丢失,航空公司照章赔偿。

历史长河

1.自然揭秘

一提起环境与环境保护,第一个问题就是,什么是环境?环境就是你周围的一切。打个比方说吧,像你周围的山、水、空气、建筑物,甚至包括周围的人等都可以称为你的环境。但如果把人类当做一个整体,它的环境就是人类周围的大气、水、树木、动物等等,再简单一点,就是地球上除人类外的一切。因此,我们也可以认为环境就是地球,当然,地球之外的太阳系、银河系也是我们的环境,只不过与我们现在的工作和生活的联系非常之小也就不在我们今天的话题之内了。那么,所谓的保护环境也就是保护地球了。到这里,有的同学可能会问,地球好好的,保护它做什么?这样问的话,你就错了。如果你读下去,就会发现人类与地球刚刚发生过一场战争。为什么呢?这场战争停止了吧?我怎么不知道？要想弄清楚这一切，还是先从地球说起吧，看看地球到底是怎么一回事？人类和地球又有什么矛盾？

地球大约诞生于46亿年前，属于宇宙银河系中太阳系的九大行星之一，是迄今为止已知唯一承载生命的星球，是人类的摇篮。

地球是一个整体，是我们人类的唯一家园，我们人类没有第二个地球去占有、去掠夺，地球资源是有限的，在浩瀚的宇宙中如同沧海一粟，但地球相对于一个人来说又是巨大而复杂的。地球表面与人类发生相互作用的自然要素及其总体构成了环境，这种环境根据组成要素可划分为水环境、大气环境、土壤环境等，从生态学角度又可分为陆生环境和水生环境等，也可以分为无机环境和有机环境。地球由于其在宇宙中的位置及其长期演化，形成了典型的圈层结构，主要是大气圈、水圈、岩石圈、生物圈，四个圈层紧密联系，相互作用，在自然状态下形成了一种相对平衡，但随着人类的出现，它们已不同程度地受到了人类的影响。今天，我们讨论环境保护问题，还必须提及反映活动的技术圈和社会圈，看这六个圈层之间是何种关系。

1）大气圈

大气圈即通常所说的大气，指包围地球的空气层总体。

大气圈是维持生命的第一要素，各种生物没有水还可以支持1~2天，离开空气的话，只要几分钟时间，生命便不能维持了。一个成年人每天需要呼吸两万余次，每人每天吸入的空气量大约为1万升，约为每天所需食物和饮水重量的10倍。

我们呼吸的空气是一系列气体组成的混合气体，主要成分为氮气和氧气，干洁空气样中的含氮78%、氧21%、氩0.9%，三者合计占了99.9%以上，其他成分如二氧化碳（0.03%）、臭氧、氢及氦等。除这些气体外，低层大气中还含有水蒸气，含量很小但变化很大。

在垂直方向上，根据空气的温度、成分及其他物理性质，可将大气层分为五层，即对流层、平流层、中层、热层和外层（逸散层）。

对流层与人类关系最为密切，贴近地面，在两极约厚8～9公里，赤道附近为16～18公里，相对整个大气圈很薄，但质量却占3/4，对流层中温度自地面向高空降低，大约每升高100米降低0.6℃。主要天气现象（如风、云、雨、雪等）都发生在这一层里，人类活动产生的大气污染也发生在这一层中，尤其是贴近地面的1～2公里内。

平流层是从对流层向上到50～55公里左右，臭氧层就处于该层中，高度20～25公里，臭氧层可以强烈吸收太阳紫外线，保护生物免遭有害辐射。此外，该层没有云雨等天气现象，可为喷气式飞机提供理想的飞行条件。平流层以上的热层能够反射无线电波，在人类远距离无线电通信中起着巨大作用。

2）水圈

水圈是指地球表面和接近地球表面的各种形态的水的总称，包括陆地水（如河流、湖泊）、海洋水以及大气圈中的水（如雨、雪、水蒸气）、生物圈中的水（如体液）、岩石圈中的水（如地下水）。

水对人类和整个生命起着巨大作用，没有水就没有人类，没有动物，没有植物，地球上如果没有水就会成为一个死寂的世界。水覆盖了我们地球表面71%的面积，其中96.5%是海水，1%是湖泊咸水和地下咸水，只有2.5%是淡水，淡水中绝大部分又是冰川、深层地下水，其中可供人类生活利用的淡水仅占淡水总量的0.3%，占总水储量的十万分之七。

海洋是水圈的主体，对人类和地球起着巨大的作用。首先表现在气候方面，由于水的比热很高，可以对气候起到缓冲和调节作用，巨大的海洋水体可以使热的释放和获得变得缓慢，缓和季节性温度差异。另外，海洋给大气圈提供了大量水蒸气，是陆地降水的基本源泉。海洋同时也是海洋生物的集合体,含有种类繁多的生物,为人类提供了丰富的食物资源。海洋促进了人类的交流,创造了辉煌的人类文明。

淡水是人类宝贵的资源,人体含有70%的水,每人每天平均需摄水2~5升,没有食物,人可以维持几个星期,而没有水,人只能生存2~3天。水在人的生活和生产中具有重大作用。

水圈除供给生物所必需的水分外,是生物圈能量交换和物质循环的重要媒介。

3) *岩石圈*

岩石圈是指覆盖在地球表面的凝固的但很薄的外壳,是上地幔软流圈以上的坚硬岩石部分。地壳不等于岩石圈,是岩石圈的一部分,地壳的硅铝层(花岗岩层)、硅镁层(玄武岩层)和属于上地幔最上部的超基性岩层(橄榄岩层)共同构成岩石圈。

岩石圈的主要成分为硅酸盐矿,主要含有氧、硅、铝、铁、钙、钠、钾、镁等。

岩石固有时也称为土壤——岩石圈,因为土壤覆盖其上,土壤是岩石上的风化过程和母质的成土过程二者综合作用下形成的。岩石风化分解破碎,形成疏松的碎屑物——风化产物,并具有通气性、透水性、保水性,但风化产物不含氮素,没有肥力,绿色植物不能生长,由于生物,尤其是固氮细菌的作用,土壤母质中开始累积一定数量的氮素养料,从而为高等绿色植物生长创造了条件,当植物死之后残体分解时,绿色植物选择吸收的元素又归还给母质,这样逐步形成了具有肥力的土壤。在自然条件下,土壤的形成过程极其缓慢,自然形成1厘米厚的土壤腐殖层需要300~600年。

土壤是陆生植物的基地,为粮食作物、森林、草原和种类繁多的其他植物提供了需要的矿物元素、有机肥料和水分,在太阳光能的作用下，使植物发育、生长和繁衍。陆地也是人类栖息基地和活动的主要场所。

4）生物圈

生物圈也就是地球上有生命存在的环境，由于地球上温度、纬度、光照等条件的差异，地球上并不是所有的地方都有生命存在，广义的生物圈在地面以上达到大致23公里的高度，在地面以下延伸到12公里深度，即包括大气圈中平流层的下层、整个对流层以及沉积岩圈和水圈。由于陆地上树木高度一般不超过70~100米，地下根系不过几十米；在水中，光透层通常为30米，最深不过100米。故地球上绝大部分生命集中在地面之上和海洋表面之下100米之间，狭义生物圈即指该狭窄带。

生物圈现今生存500~1000万种动物、植物和微生物，由于物种灭绝，这一数字只不过是地球上曾经生存过的生物种的极小一部分，其中包括人类，其数量已达50多亿。

生物圈为人以及其他生物的生存和繁衍提供了场所，同时所有生物也构成生物圈的一部分。在大气、水和土壤岩石圈，经常不断地进行能量交换和物质循环，保持了生物圈的稳定和平衡。生物及其生活环境——生物圈，是一个独特的、完整的生态系统。大气和水体的相连与流动，使地球各部分之间进行能量和物质的交换，从而把整个地球表面联成一个整体。

另一方面，生物圈也是受人类影响最严重的圈层，环境污染及其破坏、物种灭绝、人口膨胀是生物圈面临的巨大危机。

5）技术圈

技术圈是指在生物圈空间内由人类建造的结构，如工业系统、农业系统、交通系统、通信系统、城市和乡村居住系统等。

技术圈是苏联学者A.E.费尔斯曼于20世纪60年代提出的概念，反映了人类的技术引起地球表层的变化，是生物圈内原来没有的。技术圈是完全按照人类的愿望建造起来的，其形成表明技术因子对自然界的作用。

技术掌握在人类手中，既可以正确使用，也可以任意滥用。遵循生物圈的原则，遵循自然规律，技术的正确使用可以补充生物圈，对生物圈产生有利的影响。技术的滥用，违背自然规律，就会破坏生物圈，而且随着人类技术的进步，这种破坏会更大，有时甚至是毁灭性的、不可逆转的。

在科学技术史上，迄今为止，正是随着科学技术的进步把自然过程变为工业和农业等生产过程，生态破坏也正是技术圈与生物圈发生严重冲突和对峙的结果。

6）社会圈

社会圈是由政治、经济和文化组成的社会系统。社会圈是物质发展的一个新阶段。

社会圈如同发生在技术圈与生物圈之间一场战争的导演，是表现人类主观能动性的大舞台，既可以上演人间的喜剧，也可以上演悲剧。社会圈在协调技术圈与生物圈之间关系起着巨大作用，如法律、政策、经济手段、文化、伦理、道德等。

我们前面介绍的六个圈层，是环境系统的基本组成部分，是环境结构的基本单元，它们各自独立，各有自身的规律，它们之间又相互作用、相互交融，通过物质循环和能量流动联结成一个有机整体。在自然环境四个要素中，与人类和生物关系最为密切重要的是生物圈，环境科学和环境保护研究中的重点也是生物圈。

环境是人类的生存基础，人类无时无刻不生活在其周围的环境之中，人类的文明史也就是一部人与环境的关系的历史，记录着人类认识环境、改造环境甚至征服环境的业绩，人与地理环境关系的思考和认识也贯穿于人类文明史，不同历史阶段留下了人的不同认识。今天，人与环境的关系出现危机，环境问题日益严重，迫使我们回过头来审视人类过去的所作所为，从中或许能吸取一些教训。

2.农业文明与环境

第一次浪潮创造了人类史上光辉灿烂的古代文明，其中有大家熟知的两河流域的巴比伦文明、印度河流域的哈巴拉文明、中美洲的玛雅文明，以及我国灿烂的历史文化。然而，这一切都已成为过去，原先最发达、最富饶的地区却变成了一片片荒芜之地。

让我们追溯历史，看看下面的一组镜头吧！

镜头一：你一定读过著名的《一千零一夜》，也曾对那古老而美丽的国度产生过无数遐想，这就是巴比伦文明发源地美索不达米亚平原。它在幼发拉底河和底格里斯河之间，受到两河的滋润，这里土地肥美，是千里沃野，人类早就定居在这片土地上。优越的自然条件，使灌溉农业发展得较早，从四五千年前的巴比伦王国开始，就形成了历史上灿烂的巴比伦文明。但是在农业发展过程中，两河上游的森林被破坏了，由此造成气候失调，严重水土流失，土地沙化，使这片曾孕育了光辉灿烂的巴比伦文明的肥美沃野成了不毛之地。历史上七大奇观之一的“巴比伦空中花园”也不复存在了。

镜头二：四五千年前，印度河流域的哈巴拉地区发展成了与巴比伦文明齐名的农业文明，即哈巴拉文明。在这里建有坚固的城堡和粮仓，盛产小麦、大麦、芝麻、甜瓜和棉花。由于农业发展，耕地扩大，破坏了原始植被，当干旱到来时，这里开始出现尘土风暴，土地沙化，大片土地被迫弃耕。今天，这个曾经产生过人类古老文明的地方，由于不合理地利用土地，已经变成面积六十五万平方公里的荒漠。

镜头三：玛雅文明是古老的中美洲文明，它是在低地热带森林（如今的危地马拉）中发展起来的。公元250年，玛雅文化、建筑、人口达到鼎盛时期，人口密度达到每平方公里200至500人。同样由于森林破坏所造成的生态恶化，加上其他因素，公元800年玛雅文化开始崩溃，不到一百年时间，几乎变到人烟绝迹的地步。

让我们再把镜头移向中国黄河流域。这里曾是中华民族的摇篮，哺育了我国光辉灿烂的历史文化。四千多年前，这里是森林茂密、水草丰美的森林草原带。至周代，黄土高原的森林覆盖了一半以上的土地。但由于人口剧增，盲目的农业开发，森林遭到破坏，致使今天出现了这样一幅景象：43万平方公里的土地上，千沟万壑，水土严重流失，处处荒山秃岭，茫茫荒原。

人类创造了文明，也毁灭了文明。正是由于人类自身的不合理开发使千里沃野成为穷山恶水，这种“生态灾难”是多么严重的教训啊!

然而更为惨痛的是这种与农业发展相伴的环境灾害在今天并未根除，相反在有的地方越演越烈，让我们再来看看下列一些触目惊心的事实吧！

1934年，一场风暴从美国土地破坏最严重的干旱地区刮起，席卷全国三分之二的地区，一次就刮走三亿多吨土壤，全国冬小麦一年减产102亿斤。据报道，自1776年以来，美国已失去原有表土的三分之一，每年流失土壤28亿吨。

20世纪世纪60年代，苏联发生了多次“黑风暴”事件。1960年三、四月间，黑风暴使中亚细亚垦区的受灾面积达7000千万亩；1963年又遭受更大的风暴袭击，受灾耕地面积达三亿亩，相当于中国1/5的耕地面积；1969年1月，有1230万亩冬小麦毁于黑风暴。所有这一切都是由于苏联在草原地区盲目开垦，使土壤失去草原保护，在春天大风袭击时造成严重的风暴灾难引起的。

1993年5月，在我国著名的有色金属基地甘肃金昌，一场罕见的特大沙暴使116人丧生，大批农作物和农田被毁，造成了极大的经济损失，这一灾难性后果也是由于该地区长期以来生态破坏带来的。

不难发现，人类在创造文明的过程中无形中为自己种下了许多苦果，正如恩格斯所说："文明是一个对抗的过程……"。在农业文明的兴衰过程中，这种对抗的结果就是全球性的生态大破坏。

3.蒸汽机——福兮祸兮

谁也不能否认蒸汽机给人类带来的极大收益。没有它，就没有火车、工厂，没有今天的工业文明。单就这方面来讲，蒸汽机的诞生是"福"星降临人世间。然而，让我们再回头看一看我们周围的世界，人们不仅惊呆了。污浊的空气、黑臭的河水、荒芜的山岭……一切都是那么令人难以想象，难道这就是蒸汽机，所谓的工业革命带给我们的新文明吗？蒸汽机，福兮祸兮？

三百多年前，以蒸汽机和纺织机的广泛使用为标志，一场工业革命，从英国开始，在全世界兴起，同时也兴起了所谓的第二次浪潮。从此，许多国家随着工业文明的崛起，由农业社会过渡到工业社会。工业文明已涉及人类生产和生活的各个方面。而且这种工业化的过程目前在发展中国家仍在继续。

工业文明的兴起，为人类提供了日益增多的福利、丰富的物质资料和精神财富。今天，现代生活中的每一个人都离不开这样一个高度发达的技术社会。

如果你是一位勤奋的读者，你一定不会没读过托夫勒的名著《第三次浪潮》。那么，让我们来看看他是如何评价这种文明的。他说："工业革命对地球生物圈的破坏也许是无可挽救的。由于工业发展基于对自然的征服，由于它的人口增长，它的残忍无情的技术……工业社会的生态污染和资源利用中所出现的问题，已经达到与从前根本不同的水平。因此，可以毫不夸张地说，从来没有任何一个文明，能够创造出这种手段，不仅能够摧毁一个城市，而且可以毁灭整个地球。”

人们痛苦地发现，人类已经不自觉地陷入了自我编织的潜网之中，工业文明成为一种黑色文明。

二十世纪以来，人类应用遗传学原理，培育出高产矮秆谷物品种，以及采用扩大灌溉面积，增施化肥和农药等一系列的农业技术，大大提高了粮食产量，犹如18世纪蒸汽机的发明在欧洲引起的产业革命一样，掀起20世纪60年代初的一场绿色革命。

在这场绿色革命的背后，今天我们并没有看到真正意义上的绿色希望。

单一高产品种的栽培，使农田生态系统稳定调节能力降低，平衡能力极其脆弱，单一作物变得极其娇嫩，易受病、虫、草害的侵扰，加上自然灾害，高产的作物甚至颗粒无收。灌溉技术的不恰当运用，使土壤盐碱化，因为盲目的灌溉，加上无配套的灌溉设施，使得地下水位升高，土壤中盐分溶解增加，影响了作物的生长。一年三作、四作，不再是幻想，技术的运用，使得作物生长已没有季节性，在某些地区一年四季都可以种植水稻，传统的轮作、间作、套种技术被遗弃，休闲期大大缩短，土壤的复种指数高得使人难以置信，不要多长时间，我们就会看到，由于人类的贪婪，土壤肥力将急剧下降，厚种而薄收。土壤肥力的下降，病虫草的侵扰，人们不得不施加大量的化肥和农药，对于现代农业，特别是石油农业，化肥和农药已成为农业的命根子，在20世纪已发挥了巨大作用，但是人们还是不能接受这样的事实，化肥的大量增施，土壤中有机肥的比例下降，土壤中作物生长的许多必需元素匮乏，引起了作物生长的不平衡。农药的滥用，不仅杀死了害虫的天敌，而且害虫产生了抗药性，使得农药作用效果降低，反过来又加大了农药施用量，增加了成本，更重要的是，化肥和农药的滥用，产生了环境污染。

人类由于自己的无知和贪婪，正遭受环境污染和破坏的折磨，人口的恶性膨胀，更加大了对人类自身的束缚，现今的人类已经生活在自己制造的枷锁之中。这种情形正如法国思想家卢梭所言："人是生而自由的，却无时不在枷锁之中。"

4.寂静的春天

在人类文明的发展过程中，在环境问题的历史长河中，20世纪的八大公害事件已为人类的行为留下了不光彩的一笔。那么，所谓的八大公害事件又是什么呢？

1）马斯河谷烟雾事件

1930年12月1日至5日，时值隆冬，大雾笼罩了整个比利时大地，特别是比利时列日市西部马斯河谷工业区，由于工业区位于狭长的河谷地带，气温逆转，雾特别浓，像厚棉被一样覆盖着整个工业区上空，工厂排出的烟尘及有害气体与浓雾相混合，在地面上空大量积累，无法扩散，二氧化硫浓度高得惊人，3日这一天雾最大，加上工业区人烟稠密，整个河谷地区的居民有几千人发病，胸痛、咳嗽，呼吸困难，很多人感到恶心，呕吐，对于心脏病、肺病患者简直就是灾难，一个星期的时间总共死亡了60多人，同时，家畜也难逃厄运，许多家畜死亡。12月5日后，浓雾消散，整个工业区才逃脱魔掌，没有再发生新的病情。

2）多诺拉烟雾事件

多诺拉烟雾事件是美国历史上最大的一次大气污染事件，与比利时马斯河谷烟雾事件类似。发生时间是1948年10月26日至31日。多诺拉是美国宾夕法尼亚州一个小镇，全镇居住着1万多人，与马斯河谷工业区一样，多诺拉镇也处于河谷中，两岸布满了工厂，公路上货车日夜不停，由于河谷两岸的大山阻挡，工厂和汽车排放的污染物不易扩散，平时大气污染就很严重。在当年10月的最后一个星期，该地区受反气旋和逆温控制，气象条件极差，逆温层的形成，使得越近地面，气温反而越低，空气无法对流扩散，加上持续大雾，使大气污染物在近地层积聚，浓雾烟幕像一个密闭的烟雾室，仿佛发生过炮战一样，硝烟弥漫，整个空气中充满了一股硫黄味。在事件发生期间，全镇有43%的人有眼、鼻、喉刺激症状，并有胸疼、压迫感、咳嗽、呼吸困难、剧烈头痛和恶心、呕吐等症状，死亡17人。

3）伦敦烟雾事件

伦敦素有"欧洲雾都"之称。特别是冬季，常常笼罩在一片茫茫雾霭之中。

伦敦烟雾又使人想起了300多年前的伊夫林。

伊夫林是一位英国学者，他在1661年出版的《驱逐烟气》书中写道：浓烈、污浊的烟气，使"探访伦敦的疲惫的客人，还未目睹街市，数英里外就先闻到一股臭味"；"伦敦居民不断吸入不洁净的空气，会使肺脏受到损害，使患黏膜炎、肺结核、感冒的病人增多"。然而当时烟囱林立，喷云吐雾被视为一种"繁荣"的象征。

忠告被置若罔闻，于是，灾难终于降临了。1873年12月、1880年1月1892年12月，伦敦接连发生了几次"烟雾事件"，毒雾使1800余人丧生。最严重的则是发生在1952年12月5日至8日。

与历史上发生烟雾事件的时间一样，也是在冬天，12月5日至8日伦敦上空连续4天烟雾弥漫，由于主要燃料煤的燃烧，煤烟尘经久不散，在恶劣的气象条件下，气温逆增，近地面层大气污染物烟尘、二氧化硫积聚，大雾成为刺激性很强的酸雾。在4天的浩劫之中，死亡人数比以往多出4000人，居民各种疾病，如咳嗽、喉痛、胸闷、头痛、呼吸困难等显著增加，世人为之震惊。这次事件历史上称为伦敦烟雾事件。

伦敦公害事件的阴魂不散，之后另有8000多人受其影响而陆续死亡。十年之后，1962年12月3日至7日，再度发生，约11000人患病，136人魂归西天。

4）洛杉矶光化学烟雾事件

洛杉矶是美国西部工商业第一大城市，石油加工、化学、工业制造等特别发达。洛杉矶市依山临海，处于50公里长的盆地，由于特殊的地理位置，5月至10月阳光十分强烈，因地处盆地，一年中有300多天出现逆温天气。

1943年以来，当地居民纷纷反映眼睛或喉头刺激，几乎年年出现，其中以1952年的一次最为严重，导致65岁以上老人有近400人死亡，大批居民眼睛红肿、喉痛、咳嗽，此外植物大面积受到损害，车祸明显增多，使这座美国著名的风景旅游胜地，蒙上了阴影。

人们百思不得其解，因为洛杉矶并没有像伦敦那样的大雾出现，发生时间也不一样，最主要的是洛杉矶近地面煤烟尘浓度并不高。科学家经过研究，终于解开疑团。

原来是汽车在作怪，大量汽车排放的含氮氧化物、碳氢化合物、一氧化碳等废气，在太阳光的照射下，发生了光化学反应，形成了以臭氧为主的刺激性光化学烟雾的缘故。

浅蓝色的怪雾使得洛杉矶光化学烟雾事件成了世界八大公害之一。

5）四日市哮喘事件

20世纪60年代，日本四日市石油工业迅猛发展，伴随而来四日市出现一种哮喘病，哮喘病主要引起呼吸困难，奇怪的是居住在四日市患有哮喘，离开四日市地区哮喘即好转，回到该地区又复发。由此可以判定，这是一种地方性的公害病，因为最早发生在四日市，所以人们定名为四日市哮喘。

1961年日本四日市哮喘大流行，原因就是大气污染严重，居民长期吸入含有二氧化硫、烟尘、铅等物质的混合气体，到1964年，因连续三天烟雾不散，患者开始死亡，1967年一些患者不堪忍受痛苦而自杀，1972年确认患者达817人，死亡10多人。

6）水俣病事件

20世纪50年代，日本熊本县水俣市发生了著名的“自杀猫事件”。从1953年起至1956年，该市先是出现了一些猫突然跳海“自杀”的怪异现象，后来又发现大批口齿不清、步态不稳、面部痴呆的患者，进而患者耳聋眼瞎、全身麻木、精神失常，有时酣睡不醒，有时兴奋万分，最后身体变曲成弓形，高声嚎叫，直至最后死亡。

这是为什么呢？经多方调查研究，原来当地的一些工厂，将含有汞的工业废水排入了水俣湾，汞沉到水底，经微生物作用甲基化后生成了甲基汞，经食物链，甲基汞高度富集于鱼体中，猫和人长期吃了这种“毒鱼”，甲基汞逐渐就会积聚在体内，导致中枢神经损伤为主的慢性中毒。因为最早发现在水俣湾，所以这种病被命名为“水俣病”。据1972年日本环境厅公布，中毒者283人，其中死亡60人，实际数字可能更多。

7）痛痛病事件

继水俣病之后，日本又发现一种怪病，主要表现症状是腰、手、脚等关节疼痛，继而发展到全身疼痛，一会儿说神经痛，一会儿说骨头痛，不注意轻轻跌一跤骨头就碎，病人总是不断呻吟，惨叫，叫着“痛!痛啊!”，直至“痛死了”。因为剧烈疼痛由此得名“痛痛病”。

经过调查，这种痛痛病发生在日本富山市神通川下游镉污染地区，病因就是当地居民长期饮用被镉污染的河水和食用此水灌溉的含镉稻米，原因是附近锌、铅冶炼工厂等排放的含镉废水污染了神通川水体。

痛痛病事件从1955年一直延续到70年代，据统计，1963年至1979年3月共有患者130人，其中81人真正痛死了。

8）米糠油事件

1968年日本北九州的上空处于一片恐慌之中，一种从前未曾见过的怪病降临了，这种病来势凶猛。从3月开始，患病者很快就达到1400多人，到了七八月份患病的人数超过了5000多，一开始只是眼皮发肿，眼圈发黑，流不完的泪，手心出汗，接着全身起红疙瘩，浑身上下奇痒无比，严重的呕吐恶心，肝功能下降，全身肌肉疼痛，咳嗽不止。人们惊呆了，日本国震惊，世界震惊，几十万人口的北九州竟使上万人受害，其中死亡16人。

起初人们束手无策，笃信佛教的日本人，不得不救借于上天，上天并没有显灵，病魔依然缠身，而且鸡场里几十万只鸡也莫名其妙地死去。

经过无数次试验，真相终于大白，作祟者就是日本人爱吃的用米糠制成的油。由于工厂生产管理不善，导致作脱臭工艺中的热载体——多氯联苯混入米糠油中。这就是举世闻名的米糠油事件。

八大公害震惊了整个世界，给世人敲响了警钟。

公害本身不仅毒化了环境，而且由公害产生的公害病直接威胁到人的身体健康，并且公害病隐蔽性强，可以通过饮用的水、呼吸的空气、吃的食物而产生危害，难以预防，一旦公害产生，则祸及广大黎民百姓，染上稀奇古怪的病，而且后患无穷。

八大公害事件中，马斯河谷烟雾事件发生在比利时，多诺拉烟雾事件、洛杉矶光化学烟雾事件发生在美国，伦敦烟雾事件发生在英国，其余四起则发生在亚洲的日本。一个共同点就是这些公害事件都发生在发达国家，工业极其发达，都是由污染造成的。那么，污染是否就发生在工业化国家呢？答案是否定的，当发展中国家开始其工业化过程时,这公害事件就更为频繁地在这些国家出现并在全世界蔓延。地球遭受的灾难也一天天深重,寂静的春天很快降临了人世间。于是,一场人类与地球的战争爆发了。

人类与环境的战争

看过美国科幻电影《未来世界》的人们一定还记得,高度拟人化的机器人失控以后,给人类带来的无穷灾难。今天,环境污染和破坏正像这种失控的机器人在蹂躏着地球。

这绝不是危言耸听!

看一看绝对是不完全统计的1987年的中国和世界的灾难:

早春,西欧为严寒和风雪困扰。

中国干旱。

希腊夏天高温,无处躲藏的人想方设法寻找水和树。

孟加拉国洪水泛滥。

哥伦比亚塌方。

海湾风云变幻战火不断。

秋天,中东地区接连发生洪水、风暴、地震等自然灾害。埃及连降大雨,威胁着阿斯旺大坝。

1987年5月6日,中国东北大兴安岭发生森林火灾,持续近一个月,死亡200多人,受伤226人,5万人无家可归,两座城镇被大火吞噬。烧毁65万公顷天然林,烧焦100万公顷土地,生态系统遭到严重破坏。

1987年1月2日,中国山西省长子县化肥厂在设备维修期间向漳河排放18吨有毒的碳酸氢铵,导致2万人中毒。

1987年3月24日，美国纽约以西177公里的一家金属冶炼厂喷出大量有毒烟气，迫使该地区的18000名居民撤离家乡，从这块25平方公里地区撤出的居民中，有200人因中毒严重而住院。

1987年9月巴西戈亚尼亚市癌症研究所丢弃的放射性同位素铯137铅储罐，被当做废品卖给本市一家废品收购站。9月28日收购站雇员开始用锤子敲砸铅罐，导致放射性辐射，从30日开始发病，3人死亡，20多人患放射病。病情严重者，出现腹泻、呕吐和严重贫血的症状，中枢神经系统趋向衰竭。还有200多人也受到了不同程度的伤害。这是切尔诺贝利事故以后最大的核污染事件，也是巴西国内最大的核事故。

1987年11月4日，美国德克萨斯州潘帕的赫希斯特人造丝化学公司石油化工厂发生严重的爆炸火灾，有3名工人死亡，34人受伤。

地球，你这是怎么了？人类，你又是怎么了？

双方都是沉默!犹如战争的双方，没有任何的好感，彼此只是仇视。这原本是一场由于无知而引起的战争，却造成如此悲惨的结局。当然，这场战争是由人类挑起的，地球只是进行了无情的报复!然而，这场战争难道就不能停止吗？而且悲剧又何止前面所列举的那么些。看看下面的惨案，谁还会静而观之呢？

达摩克利斯是希腊神话中暴君迪奥尼修斯的宠信，经常说帝王多福，于是迪奥尼修斯请他参加宴会，并让他坐到自己的宝座上，然后用一根马鬃将一柄利剑悬挂在他的头上；让他知道帝王的忧患。后来，达摩克利斯剑借喻为大祸临头。

未来学家在分析全球形势时，曾经将地球比作“地球号宇宙飞船”，就是把有限的地球看做是一艘宇宙飞船，人口、资源、环境是一个整体。在“地球号宇宙飞船”中，乘客的容量是有限的，承载的空间是有限的，所能提供的动力也是有限的，并且相互之间互相制约。

今天的地球正经历着前所未有的能源危机、资源危机、粮食危机、环境危机、社会危机，在危机起伏的背后，有一只无形的手在作怪，那就是人口。人口数量的剧增，人口素质的低下，引发了人口危机，人口危机又引发或加剧了其他危机。于是，人口危机犹如高悬于“地球号宇宙飞船”之上的达摩克利斯剑，随时可能引发更深刻的灾难性危机。

2011年10月31日，世界人口突破了70亿大关。在人类漫长的历史进程中，这样的急剧增加只是过去30年所出现的突发性现象。400万年以前就出现在非洲大陆上的人类，到19世纪初才达到10亿人。据联合国人口活动基金会发表的《世界人口白皮书》，世界人口在1918~1927年期间达到20亿。后来，一直到1960年才超过29亿，14年后的1974年达到40亿，又过了13年，突破了50亿大关。10年后的1997年，世界人口达到60亿。据预测，如果没有灾难性的事件，世界人口很难控制在100亿之内，而且有可能达到120亿。

那么地球这艘飞船到底能载上多少人呢？乐观者估计是500亿，中间派估计是100亿，而悲观者则认为现在已经严重超载了。哪一个数据更为准确，我们不得而知，但事实却证明了：人口不断的膨胀已经使地球上的生态环境更加恶劣，地球的资源也越来越少了。

人类正面临人口爆炸的严峻挑战，美国生态学家埃利希认为，人口爆炸对人类的威胁仅次于核毁灭。

人口的增加究竟给我们带来些什么呢？

第一，为了满足人口增长引起的消费需要，必然导致人类对自然资源的无节制的开发，从而造成了生态平衡的失调。

首先，为了养活增加的人口，必然要扩大用于生产粮食的农耕地和牧场。世界的耕地面积在19世纪初仅有4.5亿公顷,其后,伴随着人口的急剧增加,耕地面积也在迅速扩大,现在已达约15亿公顷,这相当于地球陆地面积的10%。另外,用于放养家畜的牧场面积现在约有30亿公顷。耕地和牧场面积总和约占陆地面积的30%,剩下的50亿公顷的土地完全是无法利用的沙漠、冻土带,其余是森林。耕地和牧场的迅速增多严重破坏了森林。

人类为了自身的生存,垄断地使用着占地球陆地面积1/3强的土地,这对其他生物来说无疑是一个相当大的打击。

目前,发展中国家,特别是热带森林地带的国家,为了养活本国迅速增长的人口,急剧地推进森林的耕地化,大规模地、急剧地开采热带雨林,今后将带来何种影响,前景令人担忧。

据世界粮食组织估计,为了满足人们的需要,过量地砍伐树木,以及毁林造田、开辟牧场,使世界热带森林面积每年减少了1130万公顷,而造林面积只及毁林面积的1/10,森林的破坏导致了水土流失,江河洪水泛滥、旱地沙化,致使全球每年损失500~700万公顷的可耕地。

另一方面,城市化的发展,人口日益向城市集中,也使得可耕地大量减少。人类各种破坏性开发方法就像广岛上空的蘑菇云那样迅速涌现。过度放牧、毁林造田、砍伐森林,使草原的承载能力下降,森林面积减少,从而使土地遭受侵蚀,野生物灭绝。其次,为了满足人类生存的需求,必然要增加水资源、能源和矿产资源等方面的消耗。此外,由于人人都在追求生活水平的提高,必然要使资源的消耗量增大。

第二,人类为了生存,生产众多的工业产品,与此同时也产生了大量的废弃物。此外,人类生存也要排放大量的废物,结果造成了严重的环境污染和破坏。从20世纪初至今,全世界人口增加了3倍多,世界生产总值增长了20倍,矿物燃料使用量增加了10

多倍。1900~1985年间,全球二氧化硫年排放量增加6倍,氮氧化物增加10倍。本世纪二氧化碳年释放量增加了10倍,大气层中二氧化碳含量增加25%。1990年全世界的农药销售额将达500亿美元,是1975年的10倍,多么可怕的数字。

第三,人口的增长造成了生态平衡的失调和生存环境的污染。环境的污染和破坏又反过来影响人口的素质和人体的健康。

据世界卫生组织估计,全世界每年有300多万人死于主要由环境污染造成的癌症,每天大约有2.5人的死亡与使用受污染的水有密切关系。发展中国家每年约有1万多人死于农药污染。

如果看一看人口增加的内涵就会知道,10个新生儿中有9个出生在发展中国家。发展中国家的人口于1958年达到20亿,1975年达到30亿,预计到2002将突破50亿,这比世界总人口达到50亿仅晚15年。而发达国家的人口,1965年达到10亿,今后大概不会超过20亿。

癌症化的城市

在许多发展中国家的大城市,只要从市中心迈出一步,就可以看见拥挤不堪的贫民区。在那里,污水四处横溢,自来水却似涓涓细流。所到之处,垃圾遍地,臭气熏天。饥饿、失业、住房困难、犯罪、传染病、污染等聚集成灾,城市功能陷入瘫痪状态……一些城市学家称之为“城市癌症化”。如何解决地球上出现的这类恶性癌症,已成为二十一世纪的人类所面临的紧急课题。

1.墨西哥城的破绽

“城市癌症化”最严重的地方是中南美洲。其中,墨西哥城可以说已经到了“癌症晚期”。伦敦的人口从100万增加到800万，整整花了130年的时间，而墨西哥城只花了30年。伦敦人口到800万就停止膨胀了，而墨西哥城却在1985年突破了1800万的大关，成为世界上最大的都市圈。

墨西哥城曾被誉为“世界上空气最清澈的城市”，但如今却变了模样。一踏入市中心，到处都是慢吞吞移动着的车水马龙、扑鼻难闻的汽车排气和震耳欲聋的喇叭合奏。在早晚高峰期的市中心，时速只有4公里，白天最多也只能达到10公里。如此拥挤的交通排出大量有害气体，而市区又被屏风般的群山环绕着，污染的大气很不容易扩散。因此，墨西哥城呼吸道疾病患者和由排放废气中的铅引起中毒的人越来越多。1976年至1982年，墨西哥城为了美化城市，在道路两旁种植了1400万棵树木，然而不到几年工夫，半数以上树木由于大气污染而枯萎了。

墨西哥城的另一特色是满城的贫民区。从该城的市中心只要跨出一步，周围便全都被贫民区所占据。在这里，作为城市的功能已经千疮百孔，200万人没有自来水，300万人没有下水道，每天排出的14000吨垃圾中，进行清运处理的仅占一半……此外，贫民区的居民生活在所有公害的包围之中。市内的圣丽塔建有中南美洲最大的水泥厂，厂区周围全被贫民区所占据，60%的居民诉说水泥厂的粉尘使得他们的呼吸器官难受。1984年11月，该厂煤气罐爆炸，死亡人数逾千，死者多数是住在周围贫民区的居民，

造成这种混乱的原因，除了城市人口密度高于允许值3倍以外，还由于城市是在完全没有规划的情况下任意扩大的结果。目前要切除这个肿瘤看来已经有些晚了。而且不止在墨西哥，在中南美洲，如委内瑞拉、阿根廷、智利，这种大大小小的肿瘤已比比皆是。大名鼎鼎的球星贝利、马拉多纳不曾是贫民区中的一员

吗？

2.濒于死亡的城市——加尔各答

从中美洲的墨西哥高原到南亚的恒河平原，所见的同样是一幅悲惨的景象。加尔各答，这个在英国统治时代就曾有过“霍乱之都”不光彩称号的城市，如今仍无改变。连前印度总理甘地在视察该市时都称之为“濒于死亡的城市”。

至1985年，加尔各答的人口超过了1100万，名列印度榜首，人口密度达到了每平方公里3万人，半数的居民栖息于贫民窟之中，贫民居住区达3000处之多。而且能够住进贫民区简陋房子里的人已算是幸运者，还有约150万人，相当于一个中等城市的人口，只能睡在马路上。位于加尔各答西南部的达尔帕拉是两大贫民区之一。每当雨季的最盛期，道路就像泥潭一样，车辆通过时，泥浆四溅。在不到两尺的狭窄道路两侧挤满了小屋，过路的行人、还有泥潭中寻找食物的鸡鸭，身上全都沾满了泥水。泥浆同粪便、垃圾搅和在一起，强烈的臭味使人呛得透不过气来了。在这里，木柴和煤炭早就不见踪影了，牛粪是唯一的燃料，妇女们把买来的牛粪捏成汉堡包形状贴在墙上晾晒。两、万人口，却只有10个水龙头，相当于2000~3000人才有一个水龙头。如此恶劣的条件，使痢疾、霍乱频繁发生，由于污水腐败食物引起的食物中毒也屡见不鲜。

城市人口之所以急剧增加，除了自然增长以外，由于人口流入的社会增长也是一个重要原因；在加尔各答，癌症化的城市不仅表现为贫困，无论是在自然环境还是在社会福利方面均已到了病入膏肓的地步，城市问题已成了典型的环境问题。然而这种惨状在印度的孟买、新德里、马德拉斯又有什么两样呢？

恶魔真的现世

1.污染海洋的新罪犯——有机锡

在大西洋沿岸的阿尔卡雄湾有一个法国的牡蛎养殖基地，1980年这里发生了引人注目的牡蛎大量死亡事件。这些牡蛎都是外壳变厚，身体紧缩而死。到1981年，这里养殖的牡蛎全数灭绝，法国的牡蛎价格也随之暴涨。在英国和美国等地，也发现贝类生物急剧消失，还看到螃蟹整天张开双钳，样子显得很奇怪。同年，在日本的伊予滩海岸发生了鱼类大量死亡事件，原因不明。

通过对死亡牡蛎的分析，从中检测出了称为三丁基锡(TBT)的有机锡化合物。以此为开端，在世界各地的海岸不断有此类污染出现。TBT的最大用途是作为“防污剂”，尤其是在海洋中，为了防止贝类和海草附着在船底和渔网上，TBT被当做涂料使用。这种使用途径及其他方面的用途使TBT最终要污染海洋环境。于是，具有讽刺意味的是，被当做“防污剂”的TBT，却恰恰正是一种“污染剂”。

2.隐蔽的定时炸弹——石棉

1987年6月，纽约市预定为英国摇滚歌星比里·阿道尔举行公演会，可是就在开演的前一天突然宣布停止公演。为此，歌迷们包围了会场所在的麦迪逊广场公园，引起了一场大骚乱。这是什么原因呢？原来是纽约市环境保护局明确要求该剧院拆掉天棚顶板的防火石棉，而该项工程迟迟未能完工。

石棉作为一种“不可燃纤维”从古希腊以来就被用做灯芯，并且现在还在用做煤油炉的炉芯。其实石棉是一种存在于蛇纹岩中的纤维状矿物，它还被用做屋面板、墙壁等建筑材料以及锅炉、电线、汽车刹车器等，用途多达3000余种。石棉对人体健康有极大危害。石棉矿工人中有不少患有肺癌和硅肺病，石棉还能引起一种叫做恶性中皮肿症的特有罕见病症。1980年美国演员史蒂夫·麦库伊恩因患此症死亡后，石棉问题越发引起世界关注。目前自然界中无论是空气、水，还是食物，都已被高于自然界浓度的石棉污染，不仅在使用石棉的工厂，在干线公路沿线或高楼拆除现场大气中的石棉浓度也都非常高。甚至在南极的冰块中，石棉浓度也在增加。可见石棉污染正以全球性的规模发展着。据纽约的W·尼科尔逊博士推测，到80年代中期，每年大约有8200人死于与石棉有关的癌症，到2000年前后将到达顶峰，每年死亡人数将达9200人。石棉，这个隐蔽的定时炸弹，不知那一天会突然爆炸?

3. 古罗马人的警告——铅污染

近年来，不少人认为古罗马帝国衰亡的原因是铅中毒。原来，古罗马铅制的水管污染了饮用水，铅制的锅和餐具污染了食物，甚至在葡萄酒和果汁中也混入了铅。而且古罗马人的遗骨中确实检出了非常高的铅含量。然而这样惨痛的教训人类却一点也没有吸取。

美国加利福尼亚中部的蒙托莱，在自然景色十分美丽的海岸，淡菜俯拾皆是。但是，树立在海边的警告牌上写着“因有危险，贝类不得食用”的字样，令人望而生畏。原来长期的监测发现，从1984年起，贝类中的铅浓度急剧上升，从0.1ppm上升到90ppm，最高的超过1800ppm，但附近并未发现有任何污染源。在瑞典斯德哥尔摩市中心的圣诞公园，砍伐了一株有150年树龄的栎树，并测定每一年轮中的含铅量，发现从1960年起，含铅量开始急剧增加……上述种种现象的起因，都是汽车尾气中的铅。在蒙托莱海岸，也是因为排放到大气中的铅降落到海中后被贝类富集的结果。

大气中的铅不仅污染了空气，还污染了水和食物，进而富集到人的体内。除大气污染之外，铅制的自来水管和容器，以及陈旧的室内涂料等，都是重要的污染源。尤其是婴幼儿吸收铅的速度要比成人快10倍。在美国，在每100mL血液中含有超过40微克以上的铅因而需要治疗的儿童就有675000人之多。

4. 扩散的幽灵——有机氯污染

由有机物和氯构成的天然化合物，在自然界中是极其罕见的。通称“苦霉素”的氯霉素抗菌药，是为数极少的天然化合物，其余的几乎都是人工合成产物。但是，有机氯的问世并不是一件值得庆幸的事。在先后两次的世界大战中，不少国家投入大量人力物力竞相开发研制毒气。战后，脱离军需生产而变得无事可干的化学公司，凭借这些经验开始大量生产农药。特别是，1943年进驻意大利的美国军队，靠着DDT消灭了虱子，并使流行极广的斑疹伤寒仅在3个月内就全部扑灭。此后，DDT便在世界各地成为消灭疟蚊之类害虫的必不可少的药剂了。

的确，DDT对人体的直接毒性并不大，价格便宜，并且能持续保护很高的杀虫效果。但是，DDT作为农药正式使用不到10年，即从50年代中期开始，各种各样的问题便暴露出来了。DDT经过“浮游生物→小鱼→大鱼→鸟”这种自然界的生物链过程得到富集。同水中的浓度相比，在鱼类和鸟类体内检测出的DDT等有机氯成分要高出几万万倍。特别是，在生物链中处于高位上的能吞食大鱼的鹫和鹰，受到高浓度的有机氯污染，产生激素的内分泌系统遭到破坏，产下的鸟蛋蛋壳变得极薄。因此，世界各国猛禽类动物的数量日趋减少。其后，美国、欧洲和日本等国先后发现，在自然界的生物链中与猛禽类处于同样高位的人类的身体和母乳也受到了污染，因而引起恐慌状态。加之农作物的害虫也获得了抗药性，失效的药剂种类不断增加，农民对此普遍感到失望。

世界各国反对使用DDT的环境保护运动不断高涨，日本从1971年开始禁止将DDT作为农药使用。随后，其他发达国家也都相继禁止使用。1974年，日本又禁止使用多氯联苯，其他有机氯农药也从70年代前半期开始在欧美和日本等国被禁止生产。然而，十几年后的今天，这些危险的药剂却又像妖魔似地游荡回来了。日本爱媛大学立川凉教授的研究小组，正在追踪调查泛滥全球各地的有机氯化合物。对从日本近海到南极洲的大气和海水进行采样分析的结果表明，DDT无论在任何地区都能检测出来，对生活在太平洋中的海豚按不同纬度进行调查发现，生活在北半球的海豚体内含量高。但即使在南极的海豹和企鹅身上也检测出了DDT。可以认为，在世界任何地方栖息的动物都已受到有机氯化合物的污染。地球上已经没有一处净土。

资源的享受者不必去承受环境污染和破坏的结果，也不必去承担由此带来的责任，这种可怕的不公平现实在世界上正日益引起关注，人们为此赋予它一个新的名词——环境侵略。

1986年，从美国费城起航的满载毒废渣的“佩利加诺”号货轮，两年多的时间里在世界海洋上来回航行，寻求愿意接纳之地，直到1988年11月才在一个不愿意透露名字的国度里悄悄卸下。仅在1987年4月，为了满足日本购买麝香油的需要，就有5.4万头属于被保护野生动物的喜马拉雅山鹿被杀。在1989年一年中，至少有12万张凯门鳄鱼皮（是一种受保护的南美爬行动物）非法进入日本市场。而具有讽刺意义的是，日本的国内环保工作却是相当出色。这种“侵略”发起者是发达国家，受害者是发展中国家。在世界经济日趋不平衡的今天，在发达国家受到限制的公害工厂转移到了发展中国家；在发达国家禁止贩卖的危险农药、医药品及其他有害产品出现在发展中国家的市场上，并造成了极大的危害……人类感到无奈的是，贫穷也成了环境侵略的理由。

石棉作为导致恶性肿瘤的元凶在发达国家对其使用及制品采取了限制措施，但在全世界范围内，石棉的消费量并没有下降太多。原来越来越多的石棉公司都被转移到了国外。

于是，西方国家中最大的石棉生产厂家美国韵曼比尔公司在印度办起了合资企业，孟买北部的阿默达德市的索里，底格比查工厂就是其中之一。该厂每年生产大约7万吨的建材、管材等石棉制品，不仅提供印度国内，而且出口东南亚、非洲等地。从1980年起，这家工厂的污染问题日趋严重。该市的职业保健诊断发现，其中224人患有石棉肺（尘肺症的一种，转化为肺癌的情况较多）。工厂由于采用人工切割石棉管，石棉粉尘四处飞散，操作工人的头发上布满了白粉。该公司在国内的工厂里，操作工人都必须戴面罩和穿着特制的工作服，而在印度的工厂只发给正式工人一些不起什么作用的口罩，临时工则只是用布条代替口罩。如此恶劣的生产条件下怎么能保证人的健康呢？幸运的是，这个公司由于没有采用安全措施在1982年被关闭了。然而，在世界各地，又有多少不幸者在遭受着这样的危害呢？

1984年12月30日，印度博帕尔农药厂发生了爆炸事故。造成了至少2500人以上死亡和数万人中毒，是有史以来最严重的工业灾害之一。后来，印度政府在调查过程中发现，总部设在美国的该公司在安全措施方面偷工减料，这正好从另一个侧面说明了“公害出口”的现实。

环境与灾害的关系

据统计，在1965～1985年的二十年间，全世界因各种自然灾害而死亡的达280万人，5000万人无家可归，受影响的人口多达8.2亿，所造成的经济损失更是难以估计。其中最严重的两次灾害发生在亚洲，即1970年孟加拉国大洪水和中国1976年唐山地震，前者伤亡30～50万人，后者伤亡25万人。

我国是一个灾多灾重的国家，每年都有水、旱、震、风等自然灾害发生。全国约有一半以上人口和占全国国民生产总值2/3以上的地区，处在自然灾害的威胁之中。一般年份，农业受灾面积达6～7亿亩，成灾（减产3成以上）面积近3亿亩，因灾减产粮食200亿公斤，因灾倒塌房屋300万间左右，仅此两项，年直接经济损失达100亿元。每年受灾人口2亿多，除地震外，每年因灾死亡5000~10000人。此外，自然灾害所造成的城市工业、交通运输、第三产业等经济损失也十分巨大。

自然灾害的发生，主要是自然力作用的结果，是不以人的意志为转移的。但是，人为的作用却可以加速或延缓灾害的发生，减轻或加重灾害的影响，甚至成为自然灾害的导因。尤其是在人类文明高度发达的今天，人类对自然的干预越来越明显，很多看似完全由自然力在起作用的，其背后往往包含着许多人为的因素。所以，灾害问题已成为一种特殊的环境问题。

我国也是一个洪水灾害频发的国家，除季风环流、暴雨、降水强度等自然原因外，森林破坏等人为因素是我国水灾的最主要原因。1983年我国四川的特大洪水，就是植被破坏严重所致，结果造成了1300人丧生，150万人无家可归，经济损失据估计在11亿美元以上。

森林砍伐，植被破坏，还是造成干旱的重要原因，并引起了连锁反应。此外，全球气候变暖，也使得许多地区旱灾频发，干旱地区更加干旱。例如，由于森林破坏，加之全球性变暖，非洲许多地区发生了连续性的严重干旱。另一方面，在干旱地区为了养活日益增多的人口，被迫进一步开荒毁林种田，导致了旱灾之后又发生大水灾，苏丹、埃塞俄比亚和萨赫勒地区的一部分也常常发生这种情况。事实上，从另一个角度来看，人类如果能加强植树造林，是可以使气候得到调节，使旱情减缓的。

长期以来，人们总以为风灾完全是由自然原因引起的灾害性天气现象，但是，现在有越来越多的研究表明，人为造成的全球增温会使灾害性天气，特别是风暴增加和增强。

滑坡是一种地貌现象。人类不合理的开挖边坡、毁林开荒，劈山造田、爆破采石、开矿弃渣等活动，都是诱发滑坡发生的重要因素。世界上几乎每个国家都有滑坡发生。全世界70%的滑坡都与人类不合理的经济社会活动有关。滑坡包括泥石流和岩崩。1985年6月，我国湖北秭归发生滑坡，450多户居民的新滩古镇，顷刻之间化为乌有。1987年3月，厄瓜多尔的瑞文他多滑坡。在一个月的暴雨之后，一次6.9级地震并发了滑坡，瑞文他多山山坡突然向下滑动，估计1000人死亡，4000人失踪，破坏了输油管道，造成大约15亿美元的损失。在我国长江靠近三峡地带，也由于植被破坏严重，近年来发生了几次由暴雨并发的滑坡现象。1986年9月1日凌晨3时，四川省巫溪县发生一起导致95人丧生的重大岩崩灾害，当地电力公司一幢6层宿舍楼被摧毁，两座旅馆和居民住房化为废墟，其中人为因素起了很大作用。

资源的大规模开采而带来的人为地面沉降，速度大于一般沉降几十倍以至几百倍，已成为当前一个严重的环境灾害问题，地面沉降会带来毁坏建筑物和生产设施，不利于建设事业和资源开发，造成海水倒灌等危害。如上海、天津、宁波等地，地面沉降十分严重。就上海来说，市区严重的地面沉降致使潮水倒灌、地面严重积水、桥墩下沉、桩基和井管相对上升、地面开裂等一系列地质灾害屡屡发生。

战争中谁是赢家？

海湾战争，是现代化战争的典范。同时也是战争破坏环境的“典范”。它造成了世界最大的泄油事件，估计有400万桶原油注入海湾。在科威特，有732口油井燃起大火。战争、泄油和污染杀死了几千只鸟类生灵和其他物种，毁坏了沙漠植被，破坏了哺乳动物和爬行动物的栖息地。油井燃烧产生的含硫、腐蚀性烟云，数月来覆盖着海湾地区。油井大火向大气中释放了约7000万立方米的烟。滚滚黑烟随风飘移，影响远远超出海湾地区，黑雨已降落巴基斯坦、土耳其等国。除了扑灭大火和消除部分地雷之外，该地区大量的环境问题至今没有得到解决。战争可以分正义与非正义，可以有输有赢。但是它所造成的环境灾难却是共同的。人类自身的不和谐，加剧了人与自然的矛盾，最终结果只能给自己带来更多的灾难和痛苦。这就是战争的悲剧。

现代化战争的熊熊大火给人类以及人类生存环境的破坏是无法估算的。

1961～1970年，美国在越南南方1/7的土地上进行了2万次喷药飞行，喷洒各种落叶剂7200万千克，使1400平方公里的红树林遭到极度破坏，西贡北部和西部的硬木林死掉一半，毒死昆虫、两栖动物、爬行动物不知其数，这一地区的孕妇的死胎和残疾胎儿急剧增加。1971年停止喷药后又以大规模的推土机群铲除森林植被，造成450万亩土地裸露，战争期间，越南被消灭的森林达1800万亩!

我们怎能不诅咒战争?

人类却又离不开战争，每天晚上的电视新闻中倘若没有战争的消息，人们反而会惊讶:怎么不打了?

战火无处不在:山上，旷野，森林，海湾，天空……

人类正在用各种手段制造悲剧制造沙漠，人类不仅在为自己掘墓，也正在真正惨无人道地埋葬子孙后代!

黑色文明

人们把频繁不断的公害事件形容为"旧伤未愈又添新伤"。继所发生的闻名世界的八大公害事件之后，近十几年来又发生了一系列影响范围大、危害严重的重大污染公害事件。

1978年3月16日夜，隶属美国标准石油公司的超级油轮"艾莫科·凯迪斯"号，航行中因舵失灵，在法国的布列塔尼海岸搁浅。从油轮中溢出的680万加仑原油迅速在海面上形成约29公里宽，130公里长的石油污染带，使210公里风景如画的法国海岸遭到严重污染。这次海洋污染事件的直接经济损失达1.64亿美元，其中还不包括死于溢油污染的1万多只海鸟和5000多吨被原油污染的牡蛎等。这是历史上最大的海洋污染事件。

1979年3月28日，美国三里岛核电站，因一座反应堆大部分元件烧毁，一部分放射性的物质外泄而引起放射性污染事故。事故发生后，在全世界引起了一场反核电的轩然大波。

1984年11月9日，墨西哥城近郊一座液化气中心站发生连续爆炸，54座气罐几乎全部起火，对周围环境损害严重，造成1000多人死亡，4000多人受伤，毁坏房屋1400余座，3万人无家可归，周围50万人不得不迁居他乡。

1984年12月13日，在印度博帕尔市郊，美国联合碳化物公司所设的一家农药厂，因管理混乱，操作不当，致使贮罐内剧毒的甲基异氰酸酯压力升高而爆炸外泄，45吨毒气形成一股浓密的烟雾，袭向博帕尔市区。据悉，死亡人数有6000～2万人，受害人数10～20万人（这里与前面提及数据不一致，因为来源于不同统计材料），其中一些人双目失明或终生残废，受害面积达40平方公里，数千头牲畜被毒死。这是迄今最惨重的一次工业污染事件。事故后，印度政府和人民要求美国联合碳化物公司赔偿经济损失，但因对赔偿数额双方争论较大，直到1989年2月14日印度最高法院提出，要求该公司赔偿经济损失4.7亿美元作为事故的最后解决办法。美方表示接受并于2月24日把4.65亿美元的赔款交给印度最高法院。但博帕尔市人民和受害者仍然抗议，要求6.5亿美元的赔款，事实上，4.7亿也好，6.5亿美元也好，都仅是一种短期的间接补助，实际所造成的，尤其是长期的潜在的危害却是这点钱所无法赔偿的。人们不禁要问，假如这事件不是发生在贫穷的印度，而是发生在美国国内，结果又会是如何呢？

1986年4月26日，位于基辅以北130公里的切尔诺贝利核电站，由于管理不善和操作失误，4号反应堆爆炸起火，大量放射性物质外泄，造成31人死亡，237人受严重放射性伤害，直接经济损失达120亿卢布，其中消除污染花费约40亿卢布，事故造成的损失约80亿卢布。而且，危害还在继续。据1989年11月8日的《莫斯科新闻》报道，1986年事故发生时在那里工作的和后来参加清理工作的人员中，已有250多人相继死亡。1989年11月白俄罗斯部长会议第一副主席叶夫图赫说：为了消除事故后果，共有526个居民点的13万居民需要迁出，今后6年的费用需要170多亿卢布。苏联一位物理学家预言：在今后20年内，将有1~3万苏联人面临得癌症的危险。上述这一切，都还不包括由于严重的核污染飘尘给邻国带来的危害。这也是迄今为止世界上最严重的一次核事故。

1986年11月1日，瑞士巴塞尔市桑多兹化工厂仓库失火，近30吨剧毒的硫化物、磷化物与含有水银的化工产品随灭火剂和水流入莱茵河。事故发生地的100英里以内，大约60余万条鱼被毒死。300英里外的井水不能饮用。据联邦德国环保部门监测，流入莱茵河的有毒化学品达30多种，河流水生物大量死亡，污染事故给沿岸居民生活带来不便和困难。如美因兹、威斯巴登等关闭了靠近河边的水源井和自来水厂，许多城镇用洒水车给居民运送饮用水，许多啤酒厂也被迫停产。据专家认为，这次事故不但使已经投资了300多亿马克治理莱茵河的努力付之东流，而且由于汞等有毒物质沉积在河流底泥中，有可能使莱茵河因此而“死亡”20年。

1986年圭亚那的农民把进口用来灭鼠的硫酸铊误当成农药施入甘蔗园，人们吃了未洗净的甘蔗以及含这种农药的食品而中毒，有44人死亡，由于硫酸铊会在人体内富集，估计可能还有几千人慢性中毒。联合国环境规划署对此作了专门报道。

1989年3月24日，美国9.5万吨的埃克森·瓦尔德兹号油船在阿拉斯加州的威廉王子湾触礁，船体撕破，1000万加仑（2.32万桶）原油泄漏，厚厚的油膜覆盖约1600平方公里的海水。水上浮油蔓延了4600平方公里。结果使1万只海獭、10万只海鸟和海鸭受害，其他生态危害尚难以估算。

这里所列举的都是一些世界知名的事例，还有许多事件是鲜为人知的。如：1985年4月13日，加拿大一辆卡车载着一台有高浓度多氯联苯液体的变压器去废物储存场，途中在经过安大略省北部的凯诸拉城附近时，有400升多氯联苯从变压器中泄漏，污染了100公里的高速公路和其他车辆。

1985年8月末，印度古吉拉特邦凯拉地的一个化工厂和孟买北部的一个化工厂发生化学品泄漏，共造成3人死亡和12人住院，有数吨氯气进入大气，使厂区居民被迫疏散，

1985年11月8日，美国联合碳化物公司因斯蒂图特农药厂发生泄漏，存放于容积为5000加仑反应器内的500加仑溶于氯甲烷的涕灭威肟冲出容器泄入大气。约有135人暴露在烟雾中，使眼睛、气管、肺部受到刺激，需住院治疗。

1986年，位于莫斯科北部150公里的比里思斯基水库被一化工厂泄漏而污染，因此造成数亿卢布损失。该厂曾生产氨水、苯酚和苯，目前水库污染物已超标数千倍，渔业部门损失15万卢布，政府为居民迁居要花数亿卢布。

1988年1月，美国内河出现了最大的油泄漏事故。在俄亥俄州，一个使用40年的油罐破裂，致使380万加仑柴油倾泻，其中收回了一部分，最终仍有86万加仑油流入莫农加希拉河，形成一条长14英里的油段。

1989年3月2日，美国一艘800英尺长的大油轮在夏威夷群岛附近遭大风浪袭击后，大约有11.7万加仑原油泄漏入海，污染海面达15英里。

1989年4月7日，苏联“迈克”号核动力潜艇，因电路短路起火，在挪威北部公海沉没，艇上69人中有42人丧生。

1989年6月3日，苏联中乌拉尔地区发生油管爆炸事故，炸毁两列客车，400人死亡，600人受伤。

与八大公害事件相比,这些事故危害是何等之大,另一个特点是花样更多了,真有点让人目不暇接。但是除了无可奈何还有什么呢?人类自己酿成的苦酒今天注定轮到自己来喝了,这不能不说是一个悲剧。伤痕累累的地球挣扎着维系自己苟延残喘的生命。但这还不够,“残忍”的人类还制造着更为可怕的悲剧。生态的破坏和环境污染已不再是局限于某时某地,这种疯狂的行动像恶浊的毒液在地球的血管里蔓延,整个地球都被玷污了。

今天,地球上已经没有什么地方不存在这样的惨剧。从世界之巅的珠穆朗玛山顶到南极大陆的企鹅体内,污染物已普遍存在;从饥荒的非洲大陆到洪水泛滥的南亚平原,自然正在无情地报复。地球的灾难、人类的灾难正悄悄地而又凶猛地向我们走来。

地球,人类生存的摇篮,曾是那么郁郁葱葱生机盎然,如今却是疮痍满身,不时地发出深重而又痛苦的呻吟。人类正面临着一场严峻的挑战,由空前的环境危机所引起的生存危机。臭氧层破坏,酸雨,海平面上升,水污染,物种灭绝……真所谓十面埋伏,四面楚歌。让我们来看看世界面临的十大环境问题吧。

1. 臭氧层破坏

臭氧层位于大气平流层中的20~25公里处,是地球上芸芸众生的保护伞,它能够吸收掉99%的由太阳辐射到地球的紫外线,形成天然屏障,使地球上的生命免遭紫外线强烈辐射的伤害,然而近来发现,地球上的臭氧层正在遭受破坏。

1985年5月,英国南极考察队的科学家首次发现,南极上空的臭氧层出现了面积近于美国大陆的臭氧层“空洞”,这个空洞位置不固定,其面积也在逐年扩大。大量观测表明,在过去十年间,南极臭氧层一直在有规律地递减,1985年春天其浓度仅为1975

年的一半左右。不仅如此，在世界其他地区也出现了臭氧层减少，包括中国。臭氧层的破坏，使到达地球表面的太阳紫外线大量增加，人类及其他生物体将会因此遭受极大危害。科学研究表明，过强的紫外线被动植物吸收之后将引起不良生理效应，使它们失去应有的生物功能。紫外线过多还可破坏人体的抗病能力，进而诱发多种疾病，如皮肤癌、麻风病、天花、皮肤溃疡等；另外；过量的紫外照射还会降低人体的免疫系统功能，引起海洋生物，如虾、贝类的大量死亡，造成某些生物灭绝；还可使主要作物小麦、水稻等减产。造成臭氧层破坏的原因很多，但人类生产和生活活动产生的氯氟烃进入大气层破坏臭氧层是重要原因之一。据此，国际社会已协调签订了1985年的维也纳保护臭氧层国际公约和1987年的关于消耗臭氧层物质的"蒙特利尔议定书"。为了使臭氧层免遭破坏，首先必须限制主要破坏物氯氟烃类物质的生产量和消耗量，其次是禁止或减少氯氟烃的生产和使用，研究替代产品和技术，同时加强回收和利用技术。当然，提高保护臭氧层的意识也是重要一环。

2. 温室效应

很久以前科学家们就认识到，在大气层中的二氧化碳（CO_2）就好像覆盖在地球上的一个温室屋顶，可以让太阳的热辐射进入大气层，但不能散失。如果没有这种天然的"温室效应"，地球将是一个冰冻的沙漠。但由于人类活动增加了大气中的二氧化碳和其他温室气体的浓度，正在使大气温度日益上升，并已经引起了多种问题。

自工业革命以来，大气中的二氧化碳的量大约已经增加了25%。这些增加的CO_2来自发电厂和工业、汽车和生活取暖系统中燃烧的矿物燃料（如煤），以及森林的砍伐和燃烧。工业和农业的发展，也增加了大气中的甲烷和一氧化二氮的浓度，大约五分之一的温室效应是由它们引起的，造成臭氧层破坏的氯氟烃也贡献了温室效应的四分之一。温室效应能造成大范围的环境破坏。随着气温升温，冰川融化，海洋变暖使海水膨胀。据估计，到2030年，海平面将上升20厘米，到2100年，将上升65厘米。与此同时，暴风雨将更加频繁，强度也可能加剧，它们发生的位置也会改变。目前世界上有一半人口都居住在沿海地区，你也许是其中的一员，都将受到海平面上升的威胁。随着海平面上升，海岸淹没和侵蚀更为明显，像孟加拉那样的三角洲国家，1988年的洪水淹没了其国土的五分之四，以及处于低洼地的珊瑚岛，如马尔代夫，都将遭受极大危害。到那时，有些著名海滨城市，如上海也许不复存在了。除此之外，温室效应感觉可能引起气候带向极地移动，特别是在北半球，这样某些稀有物种可能会永远消失，作物分布结构改变，某些干旱地区，如非洲的萨赫勒将会更加干燥，全球的沙漠化和饥荒将更为严重……这是一幅多么令人可怕的景象啊！令人欣慰的是，一个关于全球气候变化的框架性公约已在1992年巴西的环发大会上通过，但是，控制温室效应确是任重而道远，需要你我共同努力。

3.“空中死神”——酸雨

几年前，加拿大与美国打起了一场国际官司，这是怎么回事呢？原来这是一场酸雨纠纷。美国工业区排放出的大量二氧化硫，越过国界后形成酸雨降下，使加拿大几百个湖泊因酸化而毁灭，另有几千个湖泊也濒临死亡。湖中的水生生物更是厄运难逃，大量地死亡。不仅如此，据调查酸雨已渗入地下，使地下水源趋于酸化。这些受害湖泊大多分布在距美、加工业区较近的安大略省北部、中部和新斯科亚省。为此，双方争执达十余年之久。

酸雨是一种pH值小于5.6的酸性降水，若pH值降到5以下，就可能使生态系统遭受破坏和损害。同时，它还会腐蚀建筑材料、金属结构、油漆等，古建筑、雕塑也会因此而损坏，所以有人称之为“空中死神”“空中恶魔”。在意大利北部，5%的森林死于酸雨，瑞典有15000个湖泊酸化。据统计，美国每年花在修理受酸损的古迹的费用超过了50亿美元。另外，酸雨还会烧死农作物或使之减产。

控制酸雨的根本措施是减少SO_2和NOx的人为排放量；其次必须改造燃烧技术，并对污染源进行消烟和脱硫处理；再次必须开发低污或无污新能源；最后可以通过绿化，种植耐酸抗污树种，来吸收和清除大气中的SO_2和NOx。

4.水比油贵——一个未来的事实

水是地球上众生灵的生命之源。没有水，一切生命都将不复存在。而我们面对又是怎样一种现实呢？世界上每天有2.5万人死于水质管理不善，还有大约三分之二的人口缺少清洁用水，平均五年中每年有460万儿童死于腹泻。据联合国《保护世界水资源》报告的估算，发展中国家至少有3/4的农村人口和1/5的城市人口，常年不能获得安全卫生的饮用水，17亿人口没有足够的饮用水。目前全世界每年约有4200多亿立方米的污水排入江河湖海，污染了55000亿立方米的淡水，约占全球径流总量的14%以上，而且还呈日益恶化的趋势。有关专家预测，到2000年世界污水排放量将增加到16000~20000亿立方米，使水资源受到不同程度的污染。由于水污染而导致的饮用水危机正席卷着全球，因此在将来我们也许不得不面对这样一个事实：“水比油贵”。

全球淡水资源危机是人口剧增和经济发展的产物，这种危机反过来又影响人类的日常生活和经济的进一步发展。在这种状况下，全世界需水量的增长与水资源的不足之间的矛盾将日益尖锐，水资源分布不均和某些地区耗水量过大而造成的水资源浪费以及水体因污染而不断恶化等因素，进一步加剧了供需间的矛盾。因此，有人认为，在21世纪，水资源危机将取代能源危机，成为人类所面临的严峻的问题。

5."地球之肺"的悲哀——森林锐减

森林是"地球之肺"，是人类的亲密伙伴，也是人类赖以生存的重要生态组分。然而，今天的森林却在惨遭人类的大肆砍伐和破坏，森林资源急剧减少，覆盖率大幅度下降。

在历史上，地球曾有76亿公顷的森林，到19世纪降为55亿公顷，而现今人类仅有2.8亿公顷的森林。全世界目前每年有2000万公顷的森林化为乌有，平均每分钟消失33公顷森林。照此趋势下去，到2000年，发展中地区森林覆盖率和蓄积量将下降40%。另外，除了人为砍伐，酸雨也正在吞噬着森林。

随着森林的减少，将减少对地球上二氧化碳的吸收量，同时，焚烧树木将向大气中释放出大量二氧化碳，因此毁林对全球变暖是一大主要原因。另一方面森林消失后将加剧水土流失，破坏已有的灌溉系统，导致洪水泛滥、干旱、滑坡等。森林不仅作为一种资源能为人类提供木材和各种林业副产品，更为重要的是它作为地球生态平衡的重要调节器，具有涵养水源、保护水土、防风固沙、调节气候、保障农牧业生产、保存森林生物物种等作用。设想一下一个没有肺的人将怎样生存呢？为此，国际社会正在协调行动尽力拯救人类最重要的呼吸器官——热带森林，但是由于这些热带森林大多分布在发展中国家，未来的任务将是何等艰巨！

6."沙漠风暴"——土地沙漠化

沙漠化是影响全世界的危机之一，据1984年的估计，地球上约有35%的土地(45亿公顷)存在不同程度的沙漠化问题,其中3/4以上的土地中度退化,1/5的土地完全丧失了生产能力,全世界有91个国家的土地处于沙漠化的危险境地(其中包括中国),每年有2000多万公顷土地,相当于乌拉圭或塞内加尔的面积——失去生产能力,平均每分钟有30公顷土地变为沙漠。预计到20世纪末全球沙漠化的土地还将扩大20%。沙漠化在非洲最为突出,辽阔的撒哈拉大沙漠每年都在扩大。在1984~1985年,与之相关的干旱使3500万人饱受饥荒灾害。

沙漠化是人类不当的行为所造成的,也应能通过人类的行动来加以控制。如改善土地的使用方法,形成良好的农业生态系统;停止过度放牧和毁林造田,保护植被;营造防护林,封沙固土等。我国年造林150万公顷,对防止沙漠化起了积极的作用,“三北”防护林的建设,更是成效显著。但愿“沙漠风暴”早一天停止。

7.“营养不良的加剧”——水土流失

水土流失是另一种形式的土地退化。由于流失的土壤中含有氮、磷等营养物质,因此它使原先肥力不高的土壤更为贫瘠了,土地的生产能力也由此下降,农作物减产。另一方面,侵蚀的表土被冲入河流、湖泊、水库,会淤塞河道、港口,减少水库的库容,增加洪水的危害。在山区,水土流失还会导致滑坡灾害的发生。

水土流失是一个世界性问题,主要是由于森林和植被的破坏,使表土裸露和缺乏吸附源并随雨水雪水冲刷而流失。每年,水土侵蚀使埃塞俄比亚要损失150万吨谷物,相当于1983年救灾运到该国粮食的总和。据粗略估计,全世界每年有260亿吨的耕地表土流失,其中美国每年流失土壤15.3亿吨,苏联约23亿吨,印度约47亿吨,中国约50亿吨。这是一些令人痛心的数字。控制水土流失的关键在于植树造林,恢复易流失地区的植被覆盖度,也许你我都能使上一分力。

8. 物种灭绝——生物多样性下降

目前，我们的星球已成为一个生物枯竭的世界，而正是这个世界在过去的年代里维持了人类。今天，我们已看不到候鸽成群迁移，因为它在1914年就绝迹了；围绕加勒比海秃海豹而形成的旅游业也逐渐萧条了，因为最后一只秃海豹已经死于1960年。1979年，非洲大陆上还有130万头大象，而现在只剩下一半；中国的东北虎和华南虎各仅剩几十只。一场物种灭绝的浩劫正席卷而来。据《世界自然资源保护大纲》估计，每年有数千种动植物灭绝，到2000年地球上10%～20%的动植物，即50～100万种的动植物消失。有许多物种在人们还未来得及了解它们之前即被灭绝，到目前为止，科学家已经鉴别过的物种还不到140万种。

物种灭绝本是客观规律，物种灭绝和形成的速率本来是平衡的，但是，由于人类乱捕滥杀以及对生态环境的污染和破坏，这种平衡已被打破，物种灭绝速度加快，形成的速度却下降了。目前，物种正以前所未有的速度从地球上消失。据调查，鸟类从100万年前到现在，平均每50年有一种灭绝，从1600~1950年，已知的鸟类和哺乳动的灭绝速率增长了4倍。到1950年，鸟类和哺乳动物记录的灭绝速度已上升到每世纪0.5%～1%。从1600年以来，已知灭绝约113种鸟和83种哺乳动物，在1850～1950年之间，鸟类和哺乳动物的灭绝速度平均每年一个种，物种灭绝速度的迅速增长已成为世界生物多样性状况的一个有效测量尺度。

今天，我们正以前所未有的速度消耗世界的生物财富，世界生物多样性的损失和退化正使工业化国家和发展中国家人民付出极大的代价。而生物多样性对人类和生物圈来说又是一种不可替代的财产。目前，很多东南亚国家由于海岸红树林的消失而使渔业产量大大降低。物种灭绝将在今后几十年内对整个地球的食物供给带来的危害和威胁以及对人类社会发展带来的损失和影响是难以预料和挽回的。人类保护自然,保护物种,也就是在保护自己。

9.垃圾成灾

1984年,41桶含有强烈致癌性的二恶英的废物被转移到法国的一个废屠宰场,这些废物来自意大利索维索一家化工厂。1988年,1万桶来自意大利的危险废物被发现倾倒在尼日利亚科科港……所有这一切说明垃圾已成为世界各国所面临的一个十分棘手的环境难题。据统计,全球一年产生的垃圾将近100亿吨,其中发达国家占有很大比例。在发达国家,高消费的生产方式更加剧了垃圾泛滥成灾。美国素有垃圾大国之称,目前已处于垃圾危机之中。从1960~1986年,美国生活垃圾总量增加了80%,从每年8750万吨猛增至15770万吨。

垃圾成灾将带来一系列环境问题。首先将占用大量土地,据遥感调查表明,目前北京市被几千堆垃圾所包围,沈阳市周围有500多堆垃圾。其次,随意堆放的垃圾由于没有经过合理的处理,将会污染环境,引起疾病蔓延,损害人体健康。更为可怕的是,大量含有有毒、有害物质的危险垃圾(如核废物)将给人类带来极大的潜在危害。最近,为了加强对危险垃圾的管理,联合国于1989年3月在瑞士巴塞尔召开了会议,并签署了关于禁止输出有毒有害废物的国际公约。

10.无形的恶魔——有毒化学晶污染

1955年在日本富山,人们因吃了含镉的米、喝了含镉的水而中毒，造成多人死亡，患病者超过280人。这是一起典型的有毒化学品污染事故。自50年代以来，有毒化学品这一无形的恶魔一直在侵扰着人类生活，与之有关的污染事故日益增多，造成了严重的后果。

目前在市场上有7～8万种化学品，其中对人体健康和生态环境有危害的约有3.5万种，而且具有致癌、致畸、致突变的已超过500种。随着工农业生产的发展，现在每年又有1000～2000种新的化学品投入市场。

由于化学品的广泛使用，全球的大气、水体、土壤乃至生物都受到了不同程度的污染和毒害，连南极的企鹅也未能幸免。引起这些污染的原因有三个：一是工厂的事故造成大量有毒化学品向环境中的释放；二是许多工厂对排出的有毒废物不加处理或稍加处理就排放到环境中，造成污染和危害；三是过度使用化肥和农药，因为许多农药具有剧毒性或具有致癌作用，滥用农药后将污染水体和土壤。各种污染物通过食物链转移，在生物体中富集，危害了生物，特别是人类的健康和安全。

人类还未来得及从旧的公害中解脱出来，又陷入了日益紧迫的十大环境问题，可谓危机四起。有人认为，环境危机的严重程度已相当于"第三次世界大战"。而与此同时，人类的环境保护行动的步伐显然太慢了，环境恶化的趋势还没有得到有效的控制，如果不尽快采取积极的行动，人类的发展前景将是十分暗淡的。

地球烦恼

地球诞生46亿年来，已经历了无数次的灾难。大约6000万年以前，一场罕见的陨石雨使地球上绝大多数生命消失了，包括令人震惊的庞然大物恐龙。自那以后，地球又慢慢开始了它艰难的进化。经历过“天灾”的地球平平静静地过了这么多年，没想到在人类文明高度发展的今天又遇到了“人祸”。更令它伤心的是，人类原本是它多年孕育的产物，又经过几百万年的哺育，才有了今天的文明。地球没有想到今天却上演了如此“恩将仇报”的一幕，而且是确确实实的孕育之恩、哺育之恩。怎么能不烦恼呢？

用致命的惩罚让人类明白这种不孝之举并不是地球的初衷。但上千年来的循循诱导，偶尔发一、二次脾气并未使“见利忘义”的人类清醒过来，或者即使一时醒悟却不能长久清醒下去，于是人类便拽着地球一步步走向死亡。在无可奈何之际，地球不得不采用了更为严厉的警告手段，那些公害事件就是其中的一部分。然而，被惊醒的仅仅是那么少许人，与庞大的人类相比实在太渺小了。于是，他们便和地球一起呐喊，用警钟唤醒昏聩的人类。

要让与人类有血肉之亲的地球抛弃多年的耐心，也就是人类的大祸来临之日。人类啊，你快醒醒，我们只有一个地球，我们是其所生，是其所养，难道我们忍心一同去死吗？

人类觉醒

20世纪八大公害事件给世人带来了极大的震惊和恐惧，人们发现文明中也夹带着黑色，蒸汽机并非十全十美。然而，人类要生存，要发展。面对越来越大的人口数字，地球显然太疲倦了。即便如此，在当时人类对环境问题的认识仍相当浅薄，在全球尚未达成共识，甚至在中国还把污染归为资本主义的产物。人类依旧昏睡在可怕的、日益恶化的环境之中。但昏睡的人群中不乏那些忧患的志士，他们为地球的未来感到困惑，为人类的前途夜不能寐；他们并非杞人忧天，也许正是因为他们的出现，才使地球有了生机，使人类有了希望，他们用心、用血将人类从昏睡中唤醒。请记住这样一些人、这样一些书、这样一些组织、这样一些日子。我们不能说他们是救世主，但他们却是推动历史者。我们无法将他们一一列举，在这里且介绍一个人、一本书、一个日子、一个组织。

一本改变历史的书——《寂静的春天》，一个改变历史的人—R·卡逊。很少有一本书能改变历史，也很少有一个人改变历史。然而R·卡逊及其名作《寂静的春天》就做到了这一点。

1962年，美国女海洋生物学家R·卡逊，出版了一本名为《寂静的春天》的书。或许作者本人也没有想到，书的出版会如此的轰动，引起如此普遍的注意，在短短的几年内，就被译成各种文字，传遍世界，推动世界成千上万人的环境意识的觉醒，成为点燃世界环境保护运动的星星之火。这本书推动了一场环境革命，在其召唤下，各国政府对待环境问题的政策有一显著改变，一场历史性的环境运动蓬勃兴起。从此，“生态学”成了家喻户晓的名词。这是一本20世纪的杰作，自从1962年该书出版以来，已有成千上万的读者从那里知道什么是环境问题。卡逊是一位学者，但她又是一位诗人，她以一种科学的、现实的、极其生动而又极富感染力的语言把一个饱受污染蹂躏的世界展现在人类面前。这本书不仅召唤着一场革命，更改变了我们每个人对我们所赖以生存地球的看法。

《寂静的春天》之所以能产生如此广泛的反响，其因在于它用大量的事实和科学论证，首次向人们揭示出有机氯农药污染，不仅危及许多生物和生存，而且正在危害人类自己。作者从美国许多地方春天不闻啼鸟声的异常景象入手，用活生生的大量事实描述了农药污染所带来的严重危害，使本来生机蓬勃的春天，呈现出一片“寂静”。她告诉人们：“现在每个人从胎儿出生直到死亡，都必定要和危险的化学品接触。这个现象在世界史上还是第一次。”作者认为“控制自然这个词是一个妄自尊大的想象产物，是生物学和哲学还处于低级幼稚阶段时产物。”并告诫人们，用于对付昆虫的化学武器“已经转过来威胁我们的整个大地了，这真是我们的巨大不幸。”如果你已经读过此书，相信你会有无限的感慨，如果还没有的话，赶快补上这一课。

卡逊，你是一个伟人，地球感激你。

1.一个地球公民的节日——地球日

由于公害事件不断发生，其范围和规模不断扩大，使人大量地生病和死亡，人们处在一种不安全、不健康的环境中，越来越多的人产生了一种“危机”感，于是人们纷纷从公害的痛苦中觉醒过来，掀起了反污染反公害的“环境运动”，从而揭开了人类有史以来的第一次环境保护高潮的序幕。

20世纪60年代以来，先是在西方发达国家里，千百万人走上街头，游行、示威、抗议，要求政府采取有力措施治理和控制环境污染。著名社会人士纷纷站出来，揭露污染和公害事件，呼吁加强保护环境。新闻、报纸加强了环境问题的宣传报道。随着环境运动的深入发展，环境问题成了重大社会问题，环境保护进入了国际社会生活。在人类征服月球的第二年，一场声势浩大的环境保护运动在美国掀起。1970年4月22日，由美国斯坦福大学的海斯倡导，美国有2000多万人，包括国会议员等一些知名人士和环境保护工作者发起了一场结果在唤起民众环境意识的普遍觉醒、推动环境保护的前所未有的游行和集会。他们高举着受污染的地球模型、巨幅宣传画、图表等，高呼“保护人类生存环境”等口号。从此，这一天成了地球公民的节日，称之为“地球日”。不久即获得各国的热烈响应，发展成了世界性的大规模环境保护运动。“地球日”运动的开展，直接和间接地为斯德哥尔摩世界人类环境会议作了舆论上的准备，推动了世界环境保护运动。同年，美国创立了环境保护局，通过了《清洁空气法》《清洁水法》及《国家环境政策法》正式生效。面对伤痕累累的地球，人类终于第一次走到一起，对地球进行会诊，迎来了人类的另一个节日——世界环境日。

2. 一个揭示人类困境的“上帝”——罗马俱乐部

环境悲观主义的代表。“条条大路通罗马”，这是古罗马鼎盛时期为世界瞩目的写照，而今天罗马再一次成为世界关注的中心。该组织是一个非官方的国际学术研究团体，成立于1968年4月，因在意大利首都罗马诞生而得名，现有40多个国家的60多名政治家、学者、科学家、企业家参加。该机构从全球性立场出发，对有限的地球和人类面临的人口增长、资源枯竭和环境污染等问题进行综合的研究，由于在1972年发表了米都斯《增长的极限》这一报告书而一举成名。《增长的极限》深刻地揭示了人口增长、资源枯竭、能源危机、粮食短缺、环境污染五大危机，成为日后世人争论的焦点之一。该组织的活动重点从强调外在的物理性极限转向关注地球上区域间的不平衡，倡导人类共同世界探索，相互学习理解，为此接连发表了《变革中的人类社会》《重建国际新秩序》《超越浪费的时代》《人类的目标》等报告书。罗马俱乐部的宗旨就是要忠实、深刻地阐明人类所面临的主要困难。它在客观上对人类的环境忧患意识起到了巨大的启蒙作用。尽管对其悲观思想有许多不同见解，但罗马俱乐部的历史作用是毋庸置疑的。

我们不能穷尽在这段时间里发生的感人肺腑的一切，但正是他们无私的行动才使人类在死亡的边缘上停下了脚步，也许已是一只脚悬在空中了。人类该怎么办？回头看看自己留下的一串串不光彩记录，再看看脚下的万丈深渊，一种恐惧感传遍了整个人类。正是这种恐惧挽救了多少年来一直肆无忌惮的人类。回头是岸，人类从此有了希望的曙光，地球也为此松了一口气。人类的觉醒是何等艰难啊！但人类不愧为人类，一旦知道自己错误的行为，他们便会努力去竭力弥补过去的过失。于是，人类开始了它的第一次会诊。

3. 人类的第一次会诊

1972年6月5日，世界环境保护史上光辉的一天。联合国在瑞典首都斯德哥尔摩召开了人类环境会议，这是联合国历史上首次研讨保护人类环境的会议。这次会议提出了响遍世界的环境保护口号：只有一个地球。出席会议的代表，广泛研讨并总结了有关保护人类环境的理论问题和现实问题，制订了对策和措施，会议通过了著名的《人类环境宣言》，呼吁各国政府和人民为维护和改善人类环境，造福全体人民，造福子孙后代而共同努力。这次会议是人类环境保护史上的一个伟大转折，它把第一次世界环境保护运动推向高峰。为了纪念6月5日这个重要的日子，当年联合国大会作出决议，把它定为世界环境日。这次大会推动了环境保护事业在全世界的发展。

1973年1月，联合国大会根据人类环境会议的决议，成立了联合国环境规划署，设立环境规划理事会和环境基金。以斯德哥尔摩会议为开端，联合国相继召开了与人类环境有密切联系的许多世界性会议。重要的有1972年的世界人口会议，1974年的世界粮食会议，1976年的联合国人类居住会议，1977年的联合国水会议,1978年的联合国防止沙漠化会议,1979年的世界气候会议,1981年的联合国可再生能源会议,1982年的联合国环境规划理事会特别会议等。此外,在女权、科学、技术等世界性会议中,也讨论了环境保护问题,使环境保护广泛地渗透和深入到人类活动的各个领域之中。同时,环境保护事业在各国也得到迅速的发展。国家环境保护机构的设置,由1972年前不到10个,到1988年已增加到100多个。许多国家将保护环境写进了宪法,定为一项基本国策。另一方面,五大洲的人民保护环境的运动日益高涨,民间组织日渐增多,有“环境协会”“绿色和平”等专门热心于环境保护的民间组织,还有“绿党”“环境保护党”等政治组织,环境保护有了广泛的群众基础。

人类的第一次会诊拯救了人类,拯救了地球。会诊的结果是令人发颤的。病入膏肓,这并不是一个危言耸听的比喻。于是,一场拯救地球的战争不可避免地打响了!与前场人类与地球的战争相比,这一次却是为着完全不同的,正好与它对立的目的。在这场空前的战争中,涌现出一批批感人的事,我们同样无法将它们一一列举,但请记住以下一些日子、一些书、一些组织和志士。

世界环境日——每年的6月5日,也是人类自我反省的日子。1972年6月5日~16日在瑞典首都斯德哥尔摩举行的联合国人类环境会议建议将这次会议的开幕日定为世界环境日,同年,第27届联合国大会接受并通过了这项建议。世界环境日的意义在于提醒全世界注意全球环境状况和人类活动对环境的危害,要求联合国系统和各国政府在这一天开展各种活动来强调保护和改善人类环境的重要性。联合国环境规划署在每年世界环境日发表环境现状的年度报告书,表彰“全球500佳”。每年环境日主题不一,1986年的主题是“环境与和平”,1987年是“环境与居住”,1988年是“保护环境,持续发展,公众参与”,1989年是“警惕,全球变暖”，1990年是“儿童与环境”，1991年是“气候变暖——需要全球合作”，1992年是“只有一个地球——一齐关心，共同分享”，1993年是“贫穷与环境，摆脱恶性循环”。在每年的这一天，世界各地都在谈论如何保护环境，每个人的心都为环境保护而跳动，人们反省自己对待环境的行为。世界环境日的诞生说明世界终于有了一个共同的声音——保护地球。

《只有一个地球》——《只有一个地球》是英国经济学家B·沃德和美国微生物学家R·杜博斯，受斯德哥尔摩人类环境会议秘书长的委托，向大会提交的一份具有重大意义的背景材料，副标题是“对一个小小行星的关怀和维护”。它是在58个国家，152位专家组成的通信顾问委员会协助下完成的，世界各国专家向此书提供了专业性意见。因此，它是全世界对人类环境认识的最完整的报告。从整个地球的前途出发，从社会、经济、政治的角度来探讨环境问题；从人口增长过快、滥用资源、工艺技术的影响、发展不平衡、世界范围的城市化困境等方面探讨环境问题；从发展与维护环境的关系揭示人类环境污染和破坏及全球生态系统损害的原因。作者指出：目前“人类生活的两个世界——他所继承的生物圈和他所创造的技术圈业已失去平稳，正处在潜在的深刻矛盾之中，而人类正好生活在这种矛盾中间。这就是我们所面临的历史的转折点。”因此，我们要关怀和维护地球，承担人类保护环境的责任，学会明智地管理地球。

在人类对环境问题认识的发展史上，《只有一个地球》无疑占据有极为重要的地位，它是觉醒阶段的全面总结，更为重要的是，它指出了认识的发展方向，也是人类环境认识新阶段的开始。

《我们共同的未来》——80年代以来，是人们对环境问题的认识又有了一个新的飞跃性发展的阶段。最重要的是提出了“持续发展思想”，并已逐渐被各国所接受。这一思想的主要代表是著名的环境保护者挪威首相布伦特兰夫人，她是世界环境与发展委员会主席。该委员会又称联合国环境特别委员会或布伦特兰委员会。在1982年于内罗毕召开的联合国环境管理理事会特别会议上，前日本环境厅长官代表日本政府建议设立这种机构，受到代表们的支持。1983年第38届联合国大会正式通过成立该机构的决议。委员们来自21个不同的国家，它是一个独立的机构，与各国政府和联合国系统既有联系又相对独立。该委员会成立几年内，做了大量的调查研究工作，并于1987年4月发表了题为“我们共同的未来”的长篇报告。报告认为，决定地球或人类前途和命运的是环境!这篇报告系统地阐述了人类面临的严重挑战和应采取的发展战略，从而突破了1972年斯德哥尔摩人类环境会议所存在的就事论事，没能从战略高度提出防治环境问题的根本途径等局限。报告叙述了到2000年以及2000年以后的环境前景，探讨了人类在20世纪以后实现经济持续发展的可能性，并指出：任何把经济的发展与环境保护分离的企图都是危险的和不可能的。地球正在经历着一个巨大发展和根本变迁时期。其主要特点是，一方面是人类经济的增长(已经创造出了13万亿美元的巨大财富)，另一方面是对生物圈的破坏。经济增长的很大一部分是从森林、土壤、海洋和河流中汲取原料的。这些相关的变化将全球的经济和全球的生态以新的形式结合在一起，需要找出一条新的发展道路，一条一直到遥远的未来都能支持全球人类进步的道路——这就是经济与生态协调发展，人类进步持续发展的道路！报告的观点对各国有很大的影响，得到了广泛的支持。因此，《我们共同的未来》是世界环境保护发展新战略的标志，对推动全球合作起到了不可估量的作用。

生态银行——1988年春天，一家具有特殊意义的银行在德意志联邦共和国(现德国)的金融中心法兰克福成立了，这是德国也是世界上首家以保护生态为目的的银行。因该银行主要经营自然和环境保护信贷业务，故又称为绿色银行。该银行由12000多名绿党成员投资并经营。因绿党成员多较年轻，而欧洲年轻人平时又多穿运动鞋，故社会上称该银行的股东为“体操鞋银行家”。

联合国环境规划署——领导世界环境保护运动的专门机构。经联合国人类环境会议提议并经同年联合国大会决定，于1973年7月1日设立该机构。该机构是联合国负责规划，协调全球环境保护工作，制定相应环境政策，推进世界性环境工作，加强各国对环境问题了解和重视程度，提醒各国政府注意新的国际性环境问题，并与其他国际组织、政府及非政府组织协作的中心。联合国环境规划署成立20年来，领导了一系列的、卓有成效的环境保护运动，每年颁发“全球500佳”以表彰环境先进组织和个人，并在每年“地球日”和“世界环境日”开展一系列活动，成功地举办了巴西环境与发展大会，发表了一系列著名的宣言和报告，使国际社会签订了多项保护环境的协议与公约。

绿色和平组织——在世界环境退化、环境污染和生态破坏日趋严重、核试验频繁及核军备不断升级、人类生存受到严重威胁的情况下，西方国家兴起了以保护环境、维护生态平衡、反对核试验和维护世界和平为中心的各种群众运动。绿色和平组织就是该运动中诞生的重要国际性环境保护组织。1970年由工程师麦克塔格特(McTaggart)发起成立于加拿大，原为小组。1971年小组派象征和平和健康环境的“绿色和平”号船前往北冰洋中的阿姆奇特卡岛，抗议美国在那里进行核试验。之后，该小组改称为绿色和平基金会，1979年该组织在荷兰正式成立。绿色和平组织主要是通过包括冒险行为在内的实际行动保护环境，以期拯救地球。迄今已发动过大量支持裁军、消除核武器与核军舰的和平运动，也进行着反污染、反转嫁污染、反捕鲸、反对在南极进行商业活动、反对焚烧固体危险废料、反对捕杀袋鼠、保护海洋生物等多种保护环境和维护生态平衡的工作。至1988年前，在全世界已有32个办事处，作为国际性民间组织，其在环境保护运动中的意义和作用不同凡响。

莫斯塔法·卡·托尔巴。自1976年以来，莫斯塔法·卡·托尔巴即一直担任联合国环境规划署执行主任，直至1992年卸任，他还同时是联合国副秘书长。其最伟大的业绩在于成功地组织了1992年联合国环境与发展大会并使世界各国在过去十几年中进行了成功的全球环境合作。在此期间，他还担任过1977年在内罗毕召开的联合国沙漠化会议的秘书长。托尔巴博士在他的非凡职业生涯中，还任过开罗大学微生物教授、埃及内阁部长和埃及科学院院长。托尔巴博士一直站在现代环境运动的前沿，1972年在斯德哥尔摩召开的联合国人类环境会议上，他曾担任过副主席。托尔巴博士作为一名杰出科学家，著书达100多种，并发表了许多科学论文。

透过这些人和事，在过去20年中，人类对地球的认识有了一个极大的飞跃，对人类与地球之间的伙伴关系也有了深刻了解，正是因为这种认识上的升华，才迎来了在里约热内卢的历史性聚会。

历史性的聚会

回顾世界环境问题，人们不由得陷入纷乱的思绪之中。公害事件层出不穷，世界性的环境问题又如此严峻，其实又何止十大环境问题呢，因此，尽管有了斯德哥尔摩人类环境宣言，有了自那以后的20年艰苦历程,我们也签订了许许多多的公约和准则,但是环境问题仍然十分严重,可以说是日益交困。

人类真正的选择又在哪里呢?

环境与发展,关系着人类的生存与繁衍、前途与命运,只有处理好这一对矛盾,人类才能真正走上昌盛、和平的发展之道,拥有一个清洁、优美的生存空间。在人类漫长的历史进程中,特别是产业革命以来,建立了辉煌业绩,创造了巨大财富,达到了现代文明。同时也出现了我们前面列举的许许多多环境问题,破坏着地球生态系统,对人类长远的生存和发展构成了威胁。保护环境,已成为所有地球公民紧迫而艰巨的任务。

1.历史的呼唤

1989年6月,西方工业化国家的首脑在法国巴黎召开第15次经济首脑会议,第一次把环境问题作为首脑会议讨论的一个问题,强调协调行动,保护全球环境。

1991年,中国邀请41个发展中国家的部长,召开了“发展中国家环境与发展部长级会议”,发表了著名的北京宣言。

这一系列的国际性活动表明,环境与发展已成为全世界的最重要的议程。

人类面临的环境问题不是孤立的,它是与国际社会、经济发展密不可分的一个整体。从广大发展中国家来看,诸如沙漠化、植被锐减、水土流失、水旱灾害以及工业污染等环境问题,主要是由于发展不足造成的。人口激增、供应匮乏、资金短缺、技术落后等又使许多贫困国家不得不过度开发和廉价出售自己日益枯竭的自然资源。不利的国际经济秩序使它们处于更加艰难的地位,进一步加剧了贫困,陷入了人口、环境、资源与发展的恶性循环。从发达国家来看,环境问题主要是其在长达200年的工业化过程中，采取了大量消耗资源、大量排放污染物的生产方式和高度消费的生活方式造成的。人口仅占世界人口20%的工业化国家，却长期消耗着世界20%以上的能源和资源，从而导致了气候变暖、臭氧层耗损等全球性环境危机。由此看来，全球环境问题的解决首先必须协调好发达国家与发展中国家之间的立场，通过有效的合作，才能克服面临的困难。

在这一前提下，国际性的合作已不可避免，高举合作的旗帜是人类社会的唯一选择。因此，在1988年43届联合国大会上，一致同意于1992年6月在巴西召开世界环境与发展大会。这是一次觉醒，是人类自我保护、发展的行动，在此之后，这种新型的环境文明将被创建，人类历史上环境保护的第二座里程碑竖立起来了。这是一个创造的时代，一个合作的时代，一个发展的时代，一个充满希望的时代。这个时代是历史呼唤的结晶，是世界环境保护20年经验和教训的总结和发展。这是一个多么生机勃勃的时代啊！

1992年6月3日，巴西，里约热内卢。人类历史上规模最大的、级别最高的国际会议在这里举行，这就是里约联合国环境与发展大会。会议的会徽是一只巨手托着插有一支鲜嫩树枝的地球，似乎在告诉人们："地球在我们手中。"是的，地球是我们的母亲，可由我们来装扮。当人们从过去的盲目中醒悟过来，还有什么理由不去爱护它呢？今天，代表地球全体公民与会者终于走到一起来了。

也许你的、我的、所有地球人的心情在这一天都是很快乐的。无论如何，希望的黎明已经出现。

在里约会议中心，竖起了一堵木制的"地球誓言"的签字墙，墙高约2.5米，宽5米，整个墙壁是白底绿字，象征着洁净的天空和绿色的环境，上面用中文、英文等七种文字写着："我保证竭尽全力为今世后代把地球建成一个安全而舒适的家园。”能在上面签字自然是一种幸福，但我们其实已把这种意愿签在心上，签在你我的生活之中。

地球，这艘人类的“生命之船”，在这一天被50亿双手托起来了。

在环境与发展大会上，各国首脑纷纷表示了各自对保护地球的关切，对贫富国家之间的相互合作更给予了相当的关注。正如大会秘书长莫里斯·斯特朗所言：“在这个星球上，没有一个国家能如一个富裕的孤岛漂浮在贫困苦难的海洋上。”为了表彰中国在环境保护领域所作出的极大贡献和成绩，联合国将环境最高奖——国际环境奖授予了中国国家环境保护局局长曲格平教授。这项国际环境奖创立于1972年，是联合国对在环境领域作出杰出贡献的机构和个人的奖励，1976年首次颁奖。1982年，日本造船业川良一基金会为此赞助100万美元，故又称为川国际环境奖。同时，在这一年“全球500佳”的74个获奖者中，中国安徽省颍上县小张庄村村长张家顺、辽宁省大洼县西安生态养殖场和浙江省鄞县上李家村榜上有名。这些成绩无疑是对中国环保事业的极大鞭策和鼓励。

里约会议的另一重大成果是“92——全球论坛”的召开。这是联合国环发大会的一部分，是世界民间的环境与发展大会。来自世界各地的3500多个民间组织的1万余名代表参加了会议。“92——全球论坛”是由挪威首相、世界环境与发展委员会主席布伦特兰夫人等著名人士发起的，这项活动主要是非政府组织参加，旨在唤起全人类共同人心环境问题，同时对政府及政府间组织也产生重要的影响。这次全球论坛吸引了环境、宗教、科技、企业、法律等各界组织，其中包括绿色和平等许多著名的国际环境组织。1992年6月2日下午，全球论坛在里约市佛朗明哥公园的海滩上开幕了。孩子们亲手制作的几百只风筝在蓝天上翱翔，海浪扑打着洁白的沙滩。当远涉重洋，行程1.7万海里以希腊神话中司管大地的女神命名的“该亚”号帆船驶来时，海滩沸腾了。人们用歌声、舞步、千万只彩旗迎接它徐徐靠岸。历尽艰辛的水手们向大会呈交了“誓言书”，要地球上的人们支持他们的发现精神来创造共同的未来，互相尊重，持续发展。全球论坛的召开标志着一个真正的全球合作已经开始，从此，希望之光将更为明亮。

2.展示希望的盛会

1992年6月14日，迄今规模最大的全球盛会——联合国环境与发展大会在巴西里约热内卢闭幕。里约，这个世界上最优美的城市之一，成为一种象征，全世界的希望都在这里诞生了。里约会议产生了保护地球环境的5个重要文件：《里约环境与发展宣言》《气候变化框架宣言》《生物多样性公约》《关于森林问题的原则声明》《21世纪议程》。从此，地球的公民又多了几件自卫的武器。不妨设想一下，在21世纪，展现在你我面前的将是蓝蓝的天、清澈的水、茂密的森林，黄河还其“本色”、大熊猫不再饥饿、上海不惧怕消失、本溪再次露“脸”……如果真是那样，里约，我们要为你树碑立传。

从斯德哥尔摩到里约热内卢，整整20年，20年是一个短暂的时期，面对几十亿年的地球，只是弹指一挥间，然而这20年又是多么漫长，20年中，不知又有多少物种消失、森林又少了多少、又有多少人在挨饿、沙漠又吞噬多少土地……20年中，人类对待地球的态度又有了多少转变，从无知的蹂躏到茫然无措，再到今天的谆谆关切，可谓“亡羊补牢，犹未为晚”。

被称作“地球高峰会议”的环境与发展大会开创了人类环境保护的新纪元，是人类历史的环境保护的又一座里程碑。环境与发展大会为各国政府更加有效地开展环境保护工作及全球合作提供了一个机遇。但是，机遇并不等于成功，每一个地球公民的责任也并未因此而减轻。作为继往开来的一代，每一位地球村民都感到任重而道远。尤其是在迈向21世纪的进程中，更感到一份不可低估的压力。

但无论如何，希望之光已经展现，世界上183个国家——联合国建立以来规模最大的一次，能坐在一起讨论地球的命运，这本身就是希望所在。但我们知道，绿色之路很漫长，很艰难……

历史的诉说

1.环境变迁的历史

人类发展的历史，是人类与自然环境的相互作用过程，因此，任何自然环境的变迁都是人类作用的记录。

中国自上古时期(公元前2200年)至近代(1949年)的4000多年的历史进程中，环境质量随着人类活动的剧烈变化大致可分为五个阶段。

1）生态环境的“黄金时代”——先秦时期

自公元前21世纪我国历史上第一个奴隶制国家的建立到公元前221年秦始皇统一中国，这2000年的漫长岁月称为先秦时期。在这一阶段，人口增长十分缓慢，一直维持在1000万~2000万之间，可以说是人烟稀少。如此之少的人口带给环境的影响是相当有限的，所以当时的生态系统基本上维持了原始状态，黄河中游平原广阔，气候温和，植被茂密，整个黄土高原的森林覆盖率超过50%，其中关中平原森林最多，也有一些草原地带，黄河下游地势低下而平坦，湖泊较多，气候湿润，植被良好，整个黄河比较安定。

造成这种良好环境的原因还有：①西周是我国历史上最早重视保护自然环境的时代，西周政府把对人口居住环境的考察和保护列入了西周的朝政范围。②先秦时期有一批卓有见地的政治家，如春秋齐国人管仲，提出了一些关于人口和土地、人口和环境的很有见地的主张。

2）环境第一次恶化时期——秦至西汉

在秦代，由于死于战乱人口太多，人口没有得到恢复，因此人口本身尚未对土地形成真正的压力。当然，修建长城和华丽宫殿等非生产性活动对森林造成了极大的破坏。

时至西汉，休养生息的发展政策使人口急剧膨胀，终于导致有史以来的第一次环境恶化。首先，人口剧增，粮食需求增长，对土地带来极大压力，开垦荒地成为解决生存的唯一出路，人类活动也第一次较大规模地侵入原始生态系统，特别是对黄河中游地区的广泛开垦，破坏了森林、草原，使水土流失趋于严重，黄河危机也由此产生。其次，西汉时期，人类对自然界的影响力大大加强，大量先进生产技术的采用使土地垦殖过程中的破坏明显增加了。

3）环境相对恢复时期——东汉至隋朝

东汉至隋，自公元25年至618年的近600年的历史时期，生态环境得到了相对恢复，但这种恢复是以人口的剧减为代价的。在此期间，人口增减如潮涨潮落，人口的锐减在一定程度上减轻了对环境的压力，黄河中游地区的植被得到较好恢复，水土流失减轻。当然，这种恢复只是相对的。

4）环境第二次恶化时期——唐至元朝

在这段历史时期内，人口速度增减，但大体维持在5800万~

6500万,围绕人口增减,人口布局和经济重心也出现了显著变化,黄河流域社会经济渐趋衰落,长江流域及南部地区迅速崛起。此时农业技术虽有较大进步,但垦殖新地仍是维持巨大人口的主要手段。由此,黄土高原大规模改牧为农,使高原植被遭到严重破坏,黄土高原水土流失加剧,黄河泛滥频繁。与此同时,中国北部的风沙逐渐增多和加强,毛乌素沙漠又开始向长城进逼。总之,从唐代至元代,黄河流域直至南方,森林面积锐减,湖泊缩小,水土流失加重,沙漠化速度加快,黄河决口频繁,使这一期间成为我国历史上生态环境的第二次恶化时期。

5)环境严重恶化时期——明、清以后至解放前

自明清以来的数百年间,由于多种原因,人口从6000万左右一直上升到54887万,人口的爆炸性增长,使生态环境不堪重负,急剧恶化,首先是森林遭到毁灭性的破坏,数量急剧减少,就黄土高原而言,渭河中上游的森林、秦岭北坡的森林等多毁于明清,特别是清代;其次,水土流失达到空前严重的地步,这是森林破坏的直接后果,黄河含沙量陡增,决口更为频繁;再次,由于垦殖,沙漠化加剧,侵吞着敦煌石窟、丝绸之路等艺术明珠;同时,许多湖泊和物种在这一时期由于生态环境恶化而湮没和灭绝。但由于中国资本主义工业发育较晚,规模有限,除局部地区外,那时尚未形成严重的环境污染。

由此看来,中国历史上的环境问题主要是自然生态环境的退化和恶化,主要是人类活动特别是农业生产活动扩大引起的,与人口的增减息息相关。

2.历史的实践

环境问题与环境保护并没有时空的界限,在中国几千年的文明史中,环境保护已成为其中不可缺少的一部分。古人云:“温故

而知新”。前辈的经验和教训无疑是具有重要价值的。

1）中国古代环境保护意识

战国时代的唯物主义思想家荀况的《劝学》必是大家熟悉的名篇，其中有“积土成山，风雨兴焉；积水成渊，蛟龙生焉”，“树成荫而众鸟息焉”的名句，说明生物的生存繁衍，必须有一定的生境条件。春秋时代齐国著名政治家管仲，不但阐明了植物生长与地形、土壤及水分的相互关系，而且把这种认识应用于生产实际提出了“审天时，物地生”的原则。可见当时一部分名家已对环境保护有相当的认识。

有一个成语，叫做“网开三面”，说的是这样一个故事。在夏末的时候，商汤还是一个诸侯，有一次，他到了野外，看见有人正在张网捕鸟，那个人在东南西北四个方向上都布上了网，还祷告说：“愿天下四方之鸟都飞到我的网里来。”商汤听了嘻嘻一笑说：“你这是要把天下四方的鸟一网打尽啊。”于是下令撤掉三面的网，当时各路诸侯听说这件事以后，都盛赞商汤的道德极为高尚，能爱护鸟兽。后来商汤起兵攻夏，诸侯中支持他的很多，很快推翻了夏的统治。这说明当时人们已认识到利用生物资源不能采取一网打尽的灭绝性方式。

类似的典故还有许多，如《国语·鲁语》中的“里革断宣公罟而弃之”的故事等。在当时，涌现出象管仲、孟轲、荀况等一批具有强烈环境保护意识的大家。我国古代关于管理和保护山材川泽，合理开发和利用生物资源的思想，在先秦时期已逐步确立并趋于完善，在实际上也得到了相当严格的贯彻执行。时至汉代，刘安的《淮南子》一书比较系统地总结了发展生产与山林川泽保护、生物资源开发利用与抚育的相互关系，提出一整套措施，使先秦确立的环境保护思想更加完善化；唐代和宋代对环境管理和生物资源保护仍给予一定程度的重视；而从宋代起，由于巨大的人口压

力，围湖造田、乱砍滥伐开始普遍；到明清时期，则放松了山泽管理，进行了大规模的垦殖，从此，中国的环境问题便一日重于一日，

2）中国古代的环境保护实践

在我国的历史上，许多朝代都建立过管理山林川泽政令的机构，如虞、虞部、虞衡清史司等，还配备了一定级别的官员。我国最早的虞官产生于帝舜时期。在大约4000多年前的帝舜时期，洪水和猛兽威胁着人类的生存，成为当时的主要环境问题。舜通过部落联盟议事会任命伯益为虞官，除协助大禹治水外，主要任务是管理鸟兽。到了周代，环境保护的机构更为完善，周王朝在地方官司徒下面，设山虞、泽虞、林衡、川衡来管理国家的山林川泽。至秦汉时代，山林川泽亦有林官、湖官、陂官、苑官等管理。在以后一千多年的历史中，虽经历多个朝代，但虞衡设置一直没有间断，说明中国古代对环境保护是何等重视。与此同时，有关的环境保护法令也不少见。在公元前11世纪西周颁布的《伐崇令》中就有保护生物资源的内容。在《周礼》中有关于山虞、泽虞、林衡、川衡职责的规定。1975年底，在湖北云梦县睡虎地十一号秦墓中发掘出一批秦代竹简，这是第一次发现秦简，被称作“云梦秦简”。在其中的《秦律十八种》之中，有一种原题为《田律》的主要是有关农业生产，但其中有一部分则是专门讲环境保护的，如春天二月，不准到山里去砍伐树木，不准堵塞水道。不到夏季，不准烧草作肥料，不准采撷刚发芽的植物，或猎取幼兽……这段内容几乎包括了古代生物资源保护的所有方面，陆地上的草木、山林中的鸟兽、水泽中的鱼鳖、家畜养殖场及苑囿园池无所不包。从各方面来看，《田律》都可以称为中国最早的环境保护法律。秦代以后，我国的各个朝代差不多都发布过一些环境保护的法令，只是侧重的各不相同。而且更重要的是，《田律》不仅是我国最早，也是世

界上最早的环境保护法律。

在古代的环境保护活动中，植树造林是最重要的一种，除了一般的林木之外，经济林木、行道树、风景林、防护林也经常可见。在古代，解决城市水源成为统治者最为关注的问题。不仅如此，在河南郑州地区发掘的商代前期城市遗址，城市面积达25平方公里，其中有房屋、窖穴，也有沟洫。在河南淮阳的龙山文化时期的古城遗址，发现了陶质排水管道，管头带有榫口，可以套接。这可以说是世界上最早的城市排污设施的见证。有关中国古代环境保护活动的事例是如此之多，已成为现代环境保护的经验和教训的无尽宝库。

环境现状的沉思

1.生命之源的枯竭

水是天赐之物，又是地藏之源。历史向我们揭示着这样一个事实：先有地球后有水，有了水之后地球才有活力，才出现绿色和生命，人类的文明才能展现她的辉煌。

没有水哪有科学和文明？水是生命之源。

无论是地中海的古罗马文明，还是希腊的爱琴海文明或者是亚细亚古老的大河文明，文明的曙光总是在波涛汹涌中才会闪现。因为水，楼兰消没在茫茫的沙漠之中。

然而，自古以来，人类就很少能善待它，因为水实在是太丰富了，地球这个富饶的星球在诞生之时就预知了水的重要。

可是，我们所有人过去都可以轻视、可以玷污的水已经开始了它的报复——让你喝不到清水，让臭水去玷污人的血液，民族的血液。让我们来看看下面一组枯燥的数字吧：

地球的总表面积为5.1亿平方公里。

覆盖地球的水面为3.60亿平方公里。

海水占总水量的97.3%。（全球总量140亿亿吨）

淡水占总水量的2.7%。（其中冰川占2%）

中国的总水量名列世界第6位。因为人口众多的缘故，人均占水量是世界人均占有量的1/4，第88位，在贫水国的行列中。

中国水量的分布极不平衡，相对而言，南方稍稍好一些，雨水也多；而北方，则其干旱的程度，看一眼大片焦黄的土地上寸草不收便可想而知了。人口稠密、工农业发达的海河滦河流域，人均水量仅430立方米，比干旱的阿拉伯半岛还少。干旱年份，京津地区缺少水达100亿立方米。

全国缺水的城市188个。日缺水量1240万吨。

农村尚有5600万人、3000万头耕畜的饮用水源没有解决。

全国每年受干旱影响的耕地占总数的五分之一。

我国河川年径流总量2.7万亿立方米（约占全球年径流总量47.0万亿立方米的5.1%），仅次于巴西、苏联、加拿大、美国和印尼，居世界第六。但按人口平均占有的水平却是世界上最低的国家之一。按人均占有径流量计算，我国每人每年平均约2400立方米，只相当于世界人均占有量的1/4，美国人均的1/5，苏联、印尼人均的1/7，加拿大人均的1/50。日本水资源只有我国的1/6，但我国人均水量却只有日本的3/4。耕地亩均占有径流量也只有1900立方米，低于世界平均数。因此，就人均和亩均占有水量而言，我国水资源并不富裕。

然而中国在水资源上却陷入了一个怪圈。一方面，水资源严重不足，另一方面却浪费严重，污染越来越加剧。这是一种何等的困惑。

长江、黄河、松花江、珠江、淮河、海河、辽河是支撑着中华民族生生衍息的七大水系，是中国的母亲河。但不知从何时起，母亲河已偷偷流泪。自20世纪70年代起，七大水系已出现了程度不同的污染，污染带越拉越长，水越来越脏。在全国5.5万公里河流中，长江以北交叉纵横的河网中已很难找到一条没有污染的河流。从渡口到上海3600公里的河段中，岸边重污染带达七分之一，也就是说有500公里的长江水已不能饮用和灌溉，也不能被工厂取用。500公里!全中国有多少个500公里呢?

不知道从什么时候起，人们不再能品尝到水的甘甜，苦涩与漂白粉使我们的舌头和味觉麻木，我们看不见自己的血管里出了什么毛病。而作为山河大地命脉的大小河流，也就是土地母亲身上的各种血管的淤积、堵塞、污染，我们更是视而不见；不仅仅是视而不见，我们中的几乎每一个都参与了堵塞母亲血管的罪恶的行为。以黄河为开端，长江、珠江、淮河、松花江、辽河、海河无不群起效尤，纷纷地一路掠夺，把泥沙拱手相送给大海，不把大海填平仿佛不足以证明沧海桑田这一真理似的。

然而我们面临的困境，又岂止是水土流失。各种不同程度的污染正像毒液一样侵染着我们的血液，截至1988年，长江流域有各类工矿企业10万多个，近几年兴起的乡镇企业使这个数字还在迅速递增。为得水利地利之便，这些工矿企业主要分布在沿江城镇，挖矿的、烧石灰的、小煤窑、小砖窑可谓星罗棋布，每年排放污水120亿吨，也就是说每天都有0.34亿吨污水倾泻在长江之中，而渡口、重庆、武汉、南京、上海5大沿江城市的排放污水量，占总数的80%以上，形成污染带累计长500公里，已监测出的污染物质达40余种，其中COD43万吨，酚和氰化物1800吨，砷及汞、铬、铅、镉等有毒金属1630吨，石油类近万吨。长江的水污染还来自农药、化肥，流域内每年使用农药60万吨上下，有机氯农药占一半以上，农药的有效利用率仅为10%~30%，其余散失于土壤和水域，并渗透到农作物和水产品内——我们每天或常常食用的粮食、蔬菜及各种鲜鱼内。在长江流域污染严重的某地的测试表明：大米中汞的检出率高达95%，蔬菜中铬的检出率是100%。长江还是这样流着、流着，她已经变得十分沉重了，而人们还在向她倾泻更沉重的包袱。人们，你们究竟怎么了？哺育了几亿人口的大江，就是被这几亿人口污染着：垃圾、煤灰、各种废渣、大小便……高智商的人类做着最低智商的或者是毫无理智的损害人类自身的事情。这是当今世界一个最痛苦也最使人不解的话题。

当你走遍中国，就会发现衰败的又何止是长江、黄河，是七大水系!

京杭大运河——南起杭州北止北京历经四省一市全长1700公里，这是世界上人工挖掘的最大的河流，是中国人的骄傲，它比苏伊士运河长10倍，比巴拿马运河长20倍。这样一个浩大的南水北调工程曾为中国几千年的发展做出了难以笔叙的功绩，哺育了无数的中华儿女。然而为什么就是在20世纪60年代断了流，仅剩下江浙一带的运河还稍有生机？几千年都不断的水为啥就毁在几十年里？苍天不知，大地不知，大运河也不知，而人啊，你却知道!人们沿途四处挖掘，截流得一时一地之利之后，眼巴巴地看着流淌了上千年的南运河干了!一根血脉被无情地挣断，换来的是无穷的哀叹和无奈!

今天，为了解救北方的缺水，我们不得不再次设法唤起运河的生命，修补好这一血脉。南水北调，又一个中华民族历史上的创举!我们自豪吗？我们有的是无奈，我们原本不需花费上百亿的钱来南水北调，这些钱原本可供多少失学的儿童重新踏入课堂，又可以多出多少研究成果，然而现在却不得不用来修补过去的漏洞。南水北调东线工程——从江苏扬州抽水上扬经大运河河道跨越黄河，一直到天津直至北京的一条路线，实实在在的大运河修复工程。不知古人作何感想!

而与此同时，我们还在谈论南水北调的中线、西线工程，撇开钱不说，我不知道长江是否还有那么多水可调，而调过去的水是不是还干净，调水后又有什么事情会发生？不知道~也许老天知道。我们过去争论了许多年的三峡工程已经兴建了，又是一个国人梦想的实现，但多少年后是悲还是喜呢？我不敢参加评论。你们也许能见到这一切。

水!水!水!环顾中华大地，何处不缺水，而水就这么多，即便把地球打个洞也还是如此，海水变成淡水又不现实，直到这个时候，人们才发现搬起石头砸了自己。

1988年5月10日21时，武汉市陆家街发生了一次地陷——10多间居民住房、1间工厂传达室、1间中学的平房连同大树、电线杆钻地道似地变得无影无踪。又是因为水!原来是因为在那块地附近深井过多，盲目开采地下水所致。而那仅仅是一个10多平米的地陷，要是10多平方公里、100平方公里、1000平方公里呢？事实上，如同人们居住在圆圆的地球上觉不出其圆一样，我们的上海、天津、北京、沈阳、宁波、西安、常州、哈尔滨等20多个城市已在人们不知不觉中悄悄地下沉、下沉!这绝不是危言耸听!由于采水，恐怖的奇观出现了：北方15000多平方公里的漏斗区悄悄地、神速地跨过黄河，越过长江，和苏州、无锡、常州“金三角”的大漏斗串联接吻、拥抱。

但我们真的没救了吗？答案是否定的!

我们可以说世界上被称为母亲河流的江河无一不在污染之中。但，我们也应该知道，苏联花了10年时间耗资巨大终于治理好了莫斯科河，因为这个转机，莫斯科现在清水长流、绿荫葱葱，是世界公认最好的生态城市之一。英国泰晤士河的污染也曾是世界瞩目，这些年的治理工程已大见成效，世界各地的游客纷纷啧啧称赞。我们相邻的日本，在20世纪60年代公害不断，曾使日本的经济差一点陷于泥潭。日本人从改变整个生态环境着手，作为二次世界大战战败国，在一片废墟上，不必说如今的工业之发达，光是森林葱郁覆盖率达60%，还不够使我们反省再三吗？

如果决策者有效地制定并执行法律、法令——尤其是那些真正握有权力而又不守法者；对当前大规模的方兴未艾的乡镇企业对河流及整个生态带来的影响，再也不能因为单纯的产值面忽略了大片的农村正在被污染，大片的绿地正在消失，应有科学的调查规划，并切实采取措施；

如果我们以坚决的手段制裁那些乱砍滥伐者，尤其是那些玩忽职守、以权谋私的败类以及包庇的官员、调查组；

如果我们不仅仅着眼于今天的钱，并且告诉人们以破坏生态致富，是最大的为富不仁；

如果我们人人提高了公德心，每一个公民都去爱护树与水；

如果我们大家都有这样的爱……

我们毕竟不能搬到月亮上去住，因为那里没有水。

2. 还我蓝天

本溪，中国东北的著名钢都，曾经被称为“地球上消失的城市”。其实，本溪市并未消失，只是本溪被烟雾所覆盖，成为世界上少数几个在地球卫星遥感照片上找不出来的城市。

地处群山怀抱之中，以生产钢铁、煤炭、水泥为主的重工业城市本溪，在狭小的43.2平方公里的区域内，分布着420多家工厂，其中排污企业达200多家。由于本溪以原材料生产为主，烟尘污染成为主要危害。1985年一次最大浓度值超标3倍以上，超过50年代伦敦烟雾事件时的浓度。其污染居全国之首。全市经常处于烟雾弥漫、灰尘扑面、毒气熏人的情形之中。每年约有一半的时间大气能见度只有30～50米。据国际环境组织提供的资料表明，由于大气污染，本溪是世界上很少几个卫星找不到的城市。早在国际环境组织提供本溪污染资料情况的前几年，中央领导同志已经关注这一问题。邓小平同志访朝归来途中，利用列车在本溪停车的工夫，在月台上对前来迎接他的本溪市领导同志风趣地说："你们把天空的云都染黑了"。

能说本溪市政府不重视吗？本溪市市长曾经意味深长地说："本溪人给全国送去了大量的钢铁、水泥和煤炭，而给自己留下了大量的烟尘和有害物体。"市长的苦衷流露于字里行间。那"大量的"钢铁、煤炭、水泥是个怎样的数字？2亿5千万吨。如此生产量要排放多少废气，多少废水！本溪并不想消失在地球上！

在我国其他城市，大气污染也相当严重，真所谓"十个城市九个黑"。在每年冬季采暖季节，我国北方城市上空经常是烟雾笼罩，晴朗的天气屈指可数，能见度下降，给人们的生产、交通、生活和身体健康带来了很大的危害，许多城市慢性支气管炎、哮喘、肺气肿，特别是肺癌显著增加。1981年我国北方城市的降尘量比60年代的东京、纽约还高出1倍，二氧化硫相当于东京1967年的污染水平。

燃煤是形成中国大气污染的主要原因，中国的大气污染危害主要集中在城市，是以颗粒物、二氧化硫为特征的煤烟型污染。我国每年燃煤排放的烟尘2000万吨左右，二氧化硫1500万吨左右，其中烟尘污染最为突出。从全国范围内看，大气污染北方高于南方，产煤区重于非产煤区，冬季重于夏季，早晚重于中午。

中国的雾都——重庆，曾以春城笼薄霭，山水有无间而著称于世。然而1987年9月，一个普普通通的星期天早晨，漫天的浓雾却如翻滚的潮水，漫过了江河、山峦，整个重庆市区沉浸在一片灰暗之中。但重钢的工人们照常上班，插入天际的排排烟囱照常喷吐着滚滚浓烟。家住渝钢村宿舍区的一些居民立刻感到心里堵得慌，晕沉沉的，手脚也沉重起来。接着，人们的呼叫声和救护车的尖啸声响成一片，渝钢村宿舍先后有403人被送进医院，其中，有97名重症患者住院治疗。事后，人们才知道，这是一次类似英国伦敦1952年发生的、造成震惊一时、有4000人死亡的烟雾事件。由于浓雾像一口大锅扣在重庆人的头顶上，工厂烟囱排放的硫酸化合物等有害废气无法消散，结果越聚越浓，酣睡其间的附近居民也久困毒雾之中而在劫难逃了。

兰州是个美丽的城市，然而她也有美中不足，那便是全年有一半时间烟雾朦胧，冬日更是灰蒙蒙一片，很少见到蓝天红日；难得呼吸到洁净清新的空气。解放初期，兰州的空气是很洁净的，全年有烟日数只有9～62天。随着工业迅速发展，人口猛增，城市和工业区各式各样烟囱拔地而起，竞相喷烟吐尘。现在兰州全年有烟平均日数猛增到178天，1985年竟多达232天，可谓“全国榜首”。

美籍华人、联合国经济署官员、美国威斯康辛大学教授黄开禄博士在“森林与环境”的专题学术报告上说：“站在黄山玉屏楼前，注视着病痕累累、枯活参半的松臂，非常忧虑举世瞩目的迎客松能活多久。”外国友人的担忧并非耸人听闻的无稽之谈，实在是颇有见地的卓识。君不见，玉屏楼宾馆过去烧煤，因燃烧不完全，产生大量的CO、CO_2、SO_2气体及灰尘，加上该处常年雾气缭绕，造成空气的严重污染，现在虽改用液化气和木柴，毒气成分减少，但仍然不同程度地污染着空气。每日游客云集，数千人在此憩息，大量塑料皮、纸制品、油污食品及果皮等乱抛，造成土质污染。满负荷的人来人往，早已超越了该景点的承受能力，污水乱流，势必造成水质污染。环境严重恶化造成松树抵抗力降低，迎客松更是首当其冲，自身的平衡系统被破坏，正常的生理机制被扰乱，致使病虫害有机可乘，最后结果必然导致迎客松衰败……

由于人口增加，经济发展，生活水平的提高，中国的能源消耗（尤其是煤）在未来将有较大的增加，这不仅不利于缓解目前严重的煤烟型大气污染，而且还会进一步扩大有害气体的排放。近十年来，我国废气排放总量呈逐年增加趋势，污染物在大多数城市都超过了国家标准。而大气废物排放的增加，又可能使酸雨更为严重，温室气体二氧化碳的排放也会变多。

于是，越来越多的城市困惑于日益严重的大气污染，北京在申办奥运会时也为此而苦恼。我们怎样才能拥有更多的蓝天呢？

3. 西双版纳，你要说什么？

西双版纳，你的美丽、富饶、神奇总撩拨得人思绪缥缈。你虽然面积只占国土总面积的2%，却是中国最大的动植物物种资源宝库，被称为动植物生命的摇篮，也是世界著名的自然保护区和风景游览胜地。然而，戴着各种桂冠的西双版纳现在却在伤心地哭泣。当你跋涉在这块土地上，就会不时看见一座座伤痕累累的山头，茫茫林海荡然无存，只剩下些畏畏缩缩的灌木林、紫茎泽兰群落、稀树草坡，还会看见烧垦林地的山火张狂舞动的烟雾。那些残留的焦头烂额的树桩怒睁不瞑的眼睛，呐喊着，抗争着。半个世纪来人们的残酷索取，使西双版纳的森林面积减少了一大半。由于热带雨林的大面积消失，于是，这里的雨少了，气温高了，迷人的雾也少见了，美丽的动物正一天天消失……古人曾经说过，“焚薮而田，岂不获得，而明年无兽。”今天的西双版纳正好验证了它。

西双版纳有“动植物生命的摇篮”的美称，又被称为“动植物王国”，美丽的澜沧江流经腹地，其中有直立如屏的板状根、奇特的老茎生花、能攀善爬的附生植物、“独木成林”的大青树，然而现在人们却不得不担忧这些景象何时将要消失。其实这样的悲剧又何止局限于西双版纳呢?

让我们看看下面的数据，就能发现问题的严峻了。

森林是木材生产的基地，又是林副产品的生产地，如油脂、香料、药材、松脂等。森林是陆地生态系统的主体，是人类的另一个海洋，是形成区域性气候、水文条件及地理景观的重要因素，它能够调节气候、涵养水源、保持水土、防风固沙、预防自然灾害、净化环境。森林有“绿色水库”之称，一公顷林地和一公顷裸地相比，林地至少多储水3000立方米。在森林生态系统中，储存着对人类发展十分有益的“基因”库。

森林还能净化大气，防治污染。每公顷森林每天可以吸收1000公斤的二氧化碳，释放730公斤的氧气，也就是说每公顷森林可供1000人呼吸氧气之用。世界上许多工业城市降尘相当严重，而每公顷树木可吸附粉尘32~62吨；森林具有吸收有害气体、净化空气的功能，如1公顷杉林每年能吸收二氧化硫720公斤；森林具有杀菌的功能，能直接杀死细菌、真菌和原生动物。森林还具有隔音防噪的功能，公园中成片的树木可降低噪声26~43分贝，绿化的街道可降低噪声8～10分贝……

如此之多的用途，森林不愧是人类的宝库。

在春秋战国时期，中国的森林覆盖率达42.9%，其后由于多种原因森林资源急剧下降。中华人民共和国成立之后，一方面大力开展植树造林，另一方面由于“大跃进”“文化大革命”中的错误决策，使我国的森林覆盖率在70年代降低历史最低点的12%，直到1988年才恢复到12.5%。目前中国正在实施世界上最大的植树造林行动，其中有著名的五大防护林体系，分别是“三北”防护林体系、长江中上游防护林体系、沿海防护林体系、太行山绿化工程、平原绿化工程。其中的“三北”防护林体系被誉为“世界生态工程之最”，它将为中国生态环境最为脆弱、自然灾害最为频繁的华北、东北、西北地区披上绿装。

森林，你是人类的朋友，中华民族的“护身符”。

不要以为森林就是树林，森林是一个世界。在这个世界里有各种植物、各种昆虫、各种飞禽走兽，还有地底下埋着的石炭期森林变成的煤块。在这个同样有高有低有大有小的立体的世界里，树木是绿色大厦的巨大的“柱子”，其他森林生物大半悬挂在这些“柱子”上，高矮的层次使森林世界变得更加深远，无声和宁静则是生命长久的最好的标志，粗糙的树皮包容着极为精细的树木的细胞结构，是它的不可思议的为了生存、生长和繁殖而采用的工作方法，森林中常见的杜鹃和绣球花使人想起洞开的窗户、阳台上的鲜花，那些小鸟如同是这个世界的宠儿，也是不倦的歌者，而狮吼虎啸是捍卫这绿色世界的庄严与肃穆及力量的象征。从山外走进山里走进森林，就像跨越了两个世界的界线，树木给生命创造的无比优越的一切光是用脚就能感到——再也没有这样又松又软的土壤了!潮湿而又弹性。深深地呼吸，你会一去疲劳，在树木的清香中心脏更加舒畅、平和，同样的血液常给你更多的活力，更多的想象，你会情不自禁地想到诗歌、音乐与油画。森林里不会有大风，绿色的树冠、树枝一层一层地阻挡着，只有小风像孩子的手从你的身上抚摩而过，在开始你只听雨声而不见雨滴，只有当叶子湿透时，水才会滴下，其中的一半却永远也到不了地面。

有了森林，我们还怕风和雨吗?

森林不仅给地球美丽，更使地球冷暖适度，是森林的绿色冠冕，是森林的盘根错节给了人类温存和安全。

而中国目前森林面积仅有1.25亿公顷，森林覆盖率为12.98%，与世界森林覆盖率30.6%平均水平相比，还有很大差距，同一些多林国家相比差距更大。尽管中国森林总面积和总蓄积量仍然不少，但按人口平均，则远远落后于世界水平。中国人均森林面积仅0.11公顷，相当于世界人均的11.3%，位居世界第120位；中国活立木蓄积量仅有102.6亿立方米，是世界森林蓄积量3100亿立方米的3%，中国人均蓄积量仅有9立方米，而世界人均为75.6立方米，美国是88立方米，分别是中国的8.4倍和9.8倍。不仅如此，中国的森林分布也很不平衡，森林资源主要分布在交通不便、生产落后的边远山区及江河上游地区。

罗马俱乐部曾告诫人们："我们的子孙也许将不再知道森林，不再能享受森林的美，随着一片片森林被夷为平地，世界将失去生态平衡，人类正面临生存的困境。如此严峻的情形是因为森林对人类实在太重要了，真所谓"不看不知道，一看吓一跳。"

4.卡拉麦里山之忧

卡拉麦里山，对我们来说是一个陌生的名字，它坐落在准噶尔盆地东部，山中丘陵起伏，层层环抱；山洼灌木丛生，牧草茂盛；泉水四处分布，常年涌流不息，优美寂静的自然环境，成了野生动物的天然乐园。然而，当人类踏进这片处女地时，一切都改变了。举世闻名的野马销声匿迹，经济价值很高的赛加羚羊一去不复返，珍禽黑鹳和白鹳迁移他乡，国家一类保护动物远遁深山，二类保护动物鹅喉羚凄然离开……在1982年，新疆维吾尔族自治区建立了卡拉麦里山有蹄类自然保护区后，情况有了极大改观，那时倘若进入保护区，常可目睹数以百计的成群野驴扬蹄奔驰的壮观景象。然而好景不长，自1988年开始，厄运再次降临卡拉麦里山，石油开采，修建公路，保护区内枪声此起彼伏……从此，卡拉麦里山失去了一切。

其实又何止卡拉麦里山在呻吟呢？

由于人口的增长、人类不合理开发活动的增加，森林采伐、荒地开垦、草原退化、沙化以及过度捕猎、捕捞等使大量物种处于濒危境地，濒危物种的生存环境逐渐缩小，种群数量显著减少。近30年来的资料表明，高鼻羚羊、野骆驼、白鳍豚、野象、坡鹿、金丝猴、熊猫、东北虎、华南虎等相当多的野生动物分布区显著缩小，种群数量骤减。在50年代分布尚很广，而目前仅陕西存几十只。东北虎目前只有数十只，华南虎数量就更少了。至今已有354种植物列入国家珍稀濒危植物名录，像一级保护植物金花茶、银杉、桫椤、珙桐、水杉、人参、望天树、秃杉等均已不多见。至于低等动植物和海洋生物濒临灭绝的种就更多了。目前，属于中国特有的物种，国家规定重点保护的珍贵、濒危野生动物有312个种和种类，我国参加《濒危野生动植物物种国际贸易公约》规定禁止、限止贸易的濒危动物共640多个种和种类。

为了保护这些国宝，中国已建立了众多各种类型的自然保护区，每当提到自然保护区，在我们的面前就会展现出一幅幅大自然的美丽而动人的画卷。其中有雄伟壮观的长白山、集桂林山水和峨眉之秀于一身的武夷山、充满南国热带风光的西双版纳、林泉辉映的九寨沟、密林翠竹中的玲珑可爱的大熊猫、高原湖泊中的鸟岛、神秘的蛇岛、=，还有14座火山群集的五大连池……它们是那样的绚丽多姿，仪态万千。

然而，一想到卡拉麦里山之忧，谁又能感到轻松呢？

5. 毛蚶的自叙

1988年，上海及其附近地区有30余万人因食用带病菌的毛蚶而患甲肝，霎时，毛蚶，这个原先人人喜食的海鲜成了众人唾弃、责骂的对象，难道真是毛蚶的罪过吗？我们还是听一听毛蚶的诉说吧！

我属瓣鳃纲的双壳贝，栖息于稍有淡水注入的浅海泥沙中。每小时吞吐着5升海水。当海水被细菌、病毒、镉等有害物污染后，我也一样照单全收。由于它们对我机体不能施暴逞威，所以目前人类不能依靠“鲜活度”的检疫手段来发现这些祸害。但我体内的污染物可在清洁海水中暂养而减少，这再次说明，我本身是清白而不产生细菌、病毒和污染物的，假如海水也是清洁的话。

最后我要控告恶化环境的责任者。我所在的吕泗海区，陆上是个肝炎高发区，沿海就有一万多只粪缸，医院还每天排出2000多吨污水。加上捕捞高峰期每天有6000多渔民直接排便入水，肝炎等污染是不言而喻的了。上海每天也有500多万吨污水排出，还时有几十吨粪便随同入海。邻近的浙江每年10多亿吨污水进海。舟山曾一次将100吨未经处理的粪便倒入大海。在我的乳汁中倾注如此大量粪便污水，最终使我成了疫病的传媒者。类似污染已逼得我家族大本营——辽东、渤海、莱州三湾的产量连年下降，生存已陷绝境，也致使我的老大哥——四大鱼类（黄鱼、鲳鱼、带鱼、墨鱼）急剧减少。大海原本有个本领，通过潮汐，利用浩瀚的容量将流入少量的病原体和污染物稀释净化，但对现今连续大量的污染物就望尘莫及了。这正是自然界生物圈对那些只求索取，不肯付出的必然回报——缺乏环境意识，已严重危及人类自身的安全了。所以我说，真正的罪魁祸首还是你们人类本身啊！

令人恐慌的甲肝事件已成为历史，毛蚶今后的命运如何也很难预料，但人类却不得为自己的未来而行动。

海洋是人类生命的摇篮。中国是一个海洋国家，有着一万八千余公里长的海岸线和众多的岛屿。中国的海洋环境，不仅起着调节陆地气候，提供航远通道连接世界五大洲的作用，而且蕴藏着丰富的生物资源和矿产资源。海洋的开发利用对中国未来的发展有着十分重要的作用。到21世纪,海洋仍将成为人类获取食物、工业原料和能源的重要场所,这对养活中国如此庞大的人口,弥补陆地资源的不足,有着特殊重要的意义。

然而,中国的海洋又是一幅什么样的景象呢?

随着沿海经济的发展,海洋环境的污染越来越严重。沿岸海域特别是一些港口、海湾、河口以及靠近大城市的海域,由于受到陆地排污、海上倾废以及海洋开发活动(如开采石油)的影响,程度不同的污染已经出现。

近年来,一些海域富营养化加重,赤潮灾害增多。我国北部的海湾,从70年代中期开始,赤潮屡有发生。1977年8月,在天津市近海,面积约650平方公里海域内发生赤潮,时间持续了20天之久。赤潮期内无鱼可捕,而海面死鱼却常常漂浮。大连湾的赤潮,最早发现于1972年。较大的一次于1981年8月,发生在北部沿岸地区,影响范围约70平方公里,水面呈现一片紫褐色,沿岸发现大量日本鲟呈半死状态,并有少量鲟鱼处于昏迷状态漂浮于水面。仅1990年,在中国沿岸海域从南到北,相继发生了较大面积的赤潮34起,为1961~1980年平均值的30倍。其发生范围之广,对养殖业危害之严重令人发指。“赤潮”已成为我国海洋污染的“赫赫战果”。1987年7月1日凌晨,我国长江口外海域。昏黄的海面波涛翻滚,约长20海里、宽6~7海里的海水中形如鼻涕的絮状物前呼后拥地漂移,令人作呕;海域的异样腥臭味扑鼻而来,使人窒息……闻讯赶到的当地环保工作者在显微镜下观测到:疑是油污染的“报警”原来是地地道道的“赤潮”的呼唤——无数的牛肋骨条藻千丝万缕地交织在一起 1986年底,福建东山岛居民因食用含赤潮毒的海鲜,发生一起136人中毒的罕见恶性事故。不仅如此,石油污染对海洋资源的污染也越来越严重。近年迅猛发展的拆船业，更加剧了油污染对水产资源的破坏。连云港市在高公岛设有省、市、区三家联营拆船公司，从1984年6月开始，在不到二个月时间内向海州湾倾倒废水约100吨，致使3000多公斤对虾死亡。在拆船厂附近的滩途上，还出现大批死亡的小鱼。确是拆了半条船，毁了一个滩。宁波象山港现设7个拆船厂，其中有5个在象山港内。峡山拆船厂1983年11月拆船失火20多个小时，造成大量重油漂浮海面，严重的地方重油达10厘米厚，使牡蛎死亡70%，毛蛎死亡50%，离事故地点15公里内的海带不船食用。

另一方面，过度捕捞已成为中国近海渔业资源严重衰退的问题。70年代以来，中国近海过度捕捞渔业资源的情况长期未能改变，致使一些传统经济鱼类大量减少，如主要产于东海及黄梅、渤海的带鱼、大黄鱼、小黄鱼、乌贼等渔业资源几乎都遭到了破坏。渤海、黄海的小黄鱼历史上的最高年产量曾达12万吨，东海和黄海的大黄鱼最高年产量近20万吨。短短十年间，这些高产鱼种的年产量都已大幅度下降，而且捕获的大多是低龄鱼。如果不再采取有力措施对它们加以保护和休养生息，中国近海渔业资源将难以恢复其再生增殖能力。

除此之外，中国近海的其他生物资源也未得到应有的保护。如南海的“海底庄稼”麒麟菜、“海底奇花”珊瑚礁和红树林近年来被开采砍伐，不仅破坏了这些宝贵的资源，而且使红树林和珊瑚礁鱼类失去生存的环境。1956年海南岛全岛有红树林14.9万亩，但30余年来，已被破坏了67%。目前，近海中的江豚，海豹、海龟及玳瑁等珍稀动物也正面临着灭绝消退的危险。

6. 五大湖的呐喊

我是鄱阳湖，中国淡水湖的老大。我担心我的中国第一大淡水湖的地位要保不住。20年来，人们围湖造田，把我垦掉了一半。

害得我好苦哇，现在每年有2100万吨泥沙从赣江涌来，我实在承受不住了。每年吞咽2100万吨泥沙，湖底要增高3厘米，照这样下去……

鄱阳湖老哥，你瞧我巢湖都要窒息了!蓝藻像层厚厚实实的被子，压在我近岸的水面上，还发出一股股呛鼻的腐臭味。

谁说不是哩!我太湖每年要接纳1000多万吨污水。全是高浓度的有机污染加上重金属污染。像鄱阳湖、洞庭湖那样的围湖造田之苦我也有。1949年，我的东边有出口河道84条，人们搞围河堵河，搞到现在只剩下10来条河道。单是吴淞江下游泄水受阻就使泥沙淤积速率增加了4～6倍！如果每年淤积速率超过2毫米的话，用不了100年，我太湖就变成一片沼泽了。这不，1991年大水，我竟然成了罪魁祸首。

对于五大湖的呼喊甚至责骂，人们除了理解和同情还应感到深深的自责。“50年代淘米洗菜，60年代引水灌溉，70年代水质变坏，80年代鱼虾绝代!”这段顺口溜又是何等程度的讽刺。除了鄱阳湖、巢湖、太湖，八百里洞庭又是怎样一幅景象呢?

“洞庭美，美就美在洞庭水。”可是，近100多年来，湖的面目在改变。据史料记载：1825年洞庭湖面积为6270平方公里，到1977年，水域面积只有2470平方公里了(平均每年失去水面22.7平方公里)。80年代初期，每年更是以55平方公里的速度萎缩，其消亡之快比太湖高3.9倍，比鄱阳湖高2.5倍。这是多么惊人的数字。倘若照目前的情况发展下去，不要100年，“八百里洞庭”将会在地球上消失。湘北气候也将变得十分恶劣，旱涝频繁；楚天风光也会因湖泊消逝而黯然失色。洞庭湖在消瘦，泥沙淤积是致命伤。由于长江上游和湘、资、沅、澧四水流域森林遭到严重破坏，水土流失面大，每年落淤量高达1.28亿吨，湖床淤高约3.5厘米，自然增加泥洲6万多亩。盲目围垦更加剧了洞庭湖的消亡。自

50年代末至80年代初的20多年间，先后围湖造田235.7万多亩，缩减湖面34.5%，这意味着少蓄40亿立方米水。其结果既妨碍了泄洪，又加速了泥沙沉积。昔日“白银盘里一青螺”的君山，如今已成半岛，枯水季节，我们竟可以乘车去那里发思古之幽情了。

洞庭湖旧病未除，新症又来。近10年来，沿湖近千家大小工厂又向湖里倾注大量的污水废渣，使水质受到污染。过去丰富的水产资源遭到破坏。30年代鲜鱼曾达4500万公斤，50年代即降为2400万公斤，60年代下降到2090万公斤，70年代再减至1500万公斤。1985年沿湖调查时，早不见鲥鱼、鳗鲡等名贵鱼类的踪影，和国宝大熊猫媲美的白鳍豚、珍稀的中华鲟也已消失。

有生命的湖，在人的摧残下，确实会过度死亡。号称“千湖之省”的湖北，1949年统计有大小湖泊1066个，到1981年“点名”时，仅剩下309个……“千湖之省”变成“百湖之省”。

曾“广袤三百里”，变幻莫测，充满神奇之谜的罗布泊，是著名科学家彭加木身亡之地，想当初曾是中亚地区最大的水域之一，面积最大时达3000多平方公里。在20世纪70年代初，终于完全从地球上消失了，留给我们的只有一片茫茫盐壳。

然而，还不仅仅是一个罗布泊。在新疆相继而去的大湖，还有艾西湖、玛纳斯湖、阿兰诺尔湖、台特马湖等，其他如东道海子、白家海子等小湖就更难以计数。湖面缩小、前途莫测的则有艾比湖、乌伦古湖、博斯腾湖、巴里坤湖、吉力库勒湖等。唯一扩大的湖，仅有阿克苏河向西分出的古河道上的艾西曼湖。然而，它增加的水面，无非是农田洗盐排入的咸水。仅以大湖论，新疆近几十年丧失的湖面在3600平方公里以上。

如果说罗布泊水系的变化和湖面的盈亏，曾经在历史上主宰了楼兰和丝绸之路的命运，而在今天，一大批湖泊的干涸和缩小，就在更大范围内影响着人类的生存环境和生活条件。还有，著名的玛纳斯湖也成了一片稀疏生长芦苇的沙地。天山北麓各河的消失，使唐朝古道上"一色成林"的胡杨从此衰败。而缩小了一半的艾比湖，裸露出的湖底沉沙则成为危害北疆铁路和工农业生产的无尽沙源。

南疆三大绿色走廊的巨变，更进一步表明了在干旱区水系与环境的关系。与罗布泊水系紧密相关的塔里木河下游的胡杨林面积减少了70%，原先的绿色走廊带面临消失。克里雅河下游荒漠河岸林宽度缩减5～10公里，长度则缩短一半以上，和田河下游绿色走廊虽因洪水期河水淌流保存尚好，但也留下人工砍伐的大面积痕迹。上述变化，带来了沙暴、浮尘的剧增，干旱程度的加剧，以及沙漠化的扩展。

从山区下泄的水，不再循旧日的河道行进，是都流入了城镇乡村和园林农田吗？让我们看一个例子，从轮台大坝至卡拉，塔里木河沿程损失了20亿方，占塔里木河总水量的2/5，而养活的人口仅1万余人。更有甚者，为了给几十只羊灌草场，任意开口决堤，损失的水量往往达上亿方，其结果不是草场的丰茂，而是土地沼泽化的贫瘠，与下游地区因缺水而形成的沙漠化恰恰形成鲜明对照。

湖泊本身具有调蓄洪水、灌溉、供水、航运、旅游与水产养殖等多种功能。由于利用不当，保护不力，盲目围湖造田，湖泊面积和容积日益缩小，有的湖泊甚至消失。同时湖泊的富营养化日益严重，像武汉的东湖、南京的玄武湖、昆明的滇池等都有严重的富营养化现象。而且水质污染愈来愈显著，受酸雨影响，某些湖泊已有酸化趋势。

自然界千万年形成的湖泊，在短短几十年中，让我们一个个丢失了。

上对祖先，下对儿孙，我们该说些什么呢？

7.但存方寸地

“但存方寸地，留与子孙耕。”当清朝学者翟灏在200多年前提出这句警世名言时，中国这块土地上才仅仅有2亿多人口。如今，在仿佛法术般呼唤出来的13多亿人口的中国大地上，这种呼声愈发震耳发聩。

遗憾的是，先人留给我们占世界陆地面积十五分之一，或亚洲面积四分之一的中国国土大部分是山地、高原及沙漠，平原面积很小。目前，中国人口约占世界总人口的22%，但中国只有耕地14.9亿亩，尚不足1亿公顷，仅占世界总耕地面积的7%。人均耕地、林地和草地分别仅为世界人均量的33%、20%和25%。耕地的形势最为严峻，40年前，中国人均耕地为0.18公顷，如今人均耕地仅为0.085公顷，仅及澳大利亚的1/44，加拿大的1/26，美国的1/11。在全世界26个5000万人以上的国家中，中国人均耕地列倒数第3位。同时中国的耕地在全国范围内分布极不均衡。仔细算算，中国的每一位公民也确确实实只有方寸之地可耕了，

然而，现在中国每年人口以1500万-1700万的速度增长，而耕地面积却以每年平均30万公顷左右的速度递减，这样的逆向增长，使仅有的方寸之地也岌岌可危了。而我国的可开垦土地又屈指可数，这是一个多么严峻的事实。

不仅如此，中国的土地资源还受到沙漠化、水土流失、盐碱化及土地污染的威胁，人为侵占土地更是愈演愈烈。

1）苦于沙漠化的中国

对于春天访问北京的人来说，大都要接受风沙的洗礼。在北京，每年当中吹得令人睁不开眼的风沙天数，从60年代的平均17.2天增加到到70年代的平均20.5天，而80年代又有所增加。沙漠已经蔓延到北京市南郊永定河北岸的大红门附近。随着对

从张家口到内蒙古的大草原的开垦，沙漠一再延伸南下。

再看一下西部地区，在被称为丝绸之路的西域，沙漠化也正在肆意蔓延。敦煌一带，第二次世界大战后还是被称为“红柳园”的一片红柳茂盛的地带，而在过去的20年里，这些树木全被当做薪柴和饲料连根挖去，方圆三四十公里几乎再也找不到红柳的踪影，而农田和村落却在逐渐被沙海所吞没。

与此同时，河西走廊的库木库都克沙漠、柴达本沙漠也不断向东向南扩大，风沙和热风逐年加剧。每逢风沙来临，天空一片昏暗，一米以外就什么也看不见。更有甚者，风沙中挟带着石块，曾经发生过数十人死亡的事故。

中国沙漠化最严重的地区是北部和西部占国土面积37%舶内蒙古、甘肃、宁夏、青海、新疆。近50年来形成的“现代沙漠化土地”就有500万公顷，相当于半个江苏省的面积。据统计，中国北方沙漠化土地达33.4万平方公里，南方沙漠化土地1.88万平方公里，这里不包括自然原因造成的沙质荒漠和砾质荒漠，如果加上它们将达109万平方公里，占国土面积的11.4%，近四个江苏省的面积。而且中国每年形成沙漠化土地约1560平方公里，绝大部分(94.5%)，是人为原因造成的。从20世纪50年代到70年代以来，全国有393万公顷的农田、493万公顷的草场受到沙漠化的威胁。1958年以来，全国先后发生过三次大的毁草种粮的高潮，毁掉草原1亿亩，造成了亿亩草原的沙化和退化。

土地沙漠化之后，风沙危害变得特别严重。如新疆策勒县由于盲目开垦，仅两个乡就有1300公顷农田沦为沙漠，占总耕地面积的26%，60多户居民在房屋被沙埋前被迫赶移。1986年5月的一场黑风暴，使当地棉花受灾面积达90%以上，小麦、玉米、瓜果损失亦十分严重。

沙漠，我要向你宣战!

2）流失的血液

黄河是世界上泥沙流失最多的一条河流，有的国外学者在谈到黄河时说，黄河里流动的不是泥沙，而是中华民族的血液。16亿吨泥沙的流动，这已不是微血管破裂，而是大动脉出血了。由于流沙量大，现在黄河河床每年抬高10厘米，每年用于堤防的费用高达1亿元。黄土高原总面积为58万平方公里，水土流失面积就达53万平方公里，其中严重流失的有28万平方公里，每年流入黄河的泥沙由1945年初13亿吨增加到16亿吨。若将其筑造1米高、1米宽的土墙，可绕地球赤道27.5圈，拉直了可从地球到达月球，而由此损失的肥分相当于3000万吨碳铵。

据调查，我国水土流失面积达150方平方公里，约占国土面积的六分之一，涉及1000个县。每年流入江河的泥沙达50多亿吨，相当于把全国的耕地刮去1厘米厚的表土，其中所含的植物营养物质，相当于我国1年生产的4000多万吨化肥的氮磷钾含量。由于水土流失，1949年后新建的4000容量的水库，已有四分之一被泥沙淤塞，造成了很大的损失。水土流失严重的黄河流域，虽然解放30多年来一直在进行治理，但至今仍未见大的好转。黄河每年有4亿吨泥沙淤积在下游河床里，致使黄河成为高高在上的“悬河。”

中国受水土流失危害的耕地约占耕地总面积的1/3，水土流失不仅损失肥力和缩短耕地寿命，而且还伴随着严重的自然灾害。黄土高原的水土流失使黄河2500年共计溃决1590次，平均一年多就决口一次；大改道26次，106年就有一次改道。

1976年春天，黄河支流的洪汝河、沙颍河、唐白河一带连降暴雨，三天内降水800～1000毫米，板桥、石漫滩水库大坝终于不敌决口，决口之后的黄水席卷子民百姓，20余万人丧生，上百万人无家可归，好一幕人间悲剧。

1983年,我国四川特大洪水,结果造成1300人丧生,150万人无家可归,经济损失在11亿美元以上。

1991年,江淮大地一片汪洋,又有多少人在洪水中挣扎呢?

难道雨真是那么大,水真是那么多吗?当人们反省后才发现真正的凶手就是自己。多少年来,我们的植被被大肆砍伐,水土流失愈演愈烈,河床变浅变窄了,水库变小了,岂有不发洪水之理?

从南北朝到唐朝,人们的目光已开始转向长江流域。然而,长江的水土流失也在日益严重,目前已成为世界第三大输沙大河,长江即将成为第二条黄河的警告已发出多年,但长江仍在向黄河靠拢。"到长江去游泳,回家来洗澡"不知什么时候已成了一种流行说法。长江流域的水土流失面积已达5.4亿亩,占流域总面积的20%,每年入海的泥沙达5亿吨。水土流失越厉害,长江就越浑黄。目前从上游出三峡的输沙量是黄河的三分之一,相当于尼罗河、亚马逊河、密西西比河这三条世界大河的总输沙量。

1986年8月17日,《人民日报》破天荒地在报头下的显著位置上,刊登了一幅长13厘米、宽8厘米的漫画。画面上,两条瘦骨嶙峋的巨龙,盘桓在稀稀拉拉的树桩上,悲戚得几乎不敢相认。画面下配有两句精彩的电影对白。

黄河:长江,长江,我是黄河!

长江:黄河,黄河,我也是黄河!

我们还能说什么呢?

3) 变味的土地

旧账未清、新账又添。原先芳香的泥土正越来越多地掺进咸味,白花花的盐碱土上能长出庄稼么?

土壤盐碱化是土壤退化的一个重要原因。目前我国黄淮海平原、西北黄土高原及内陆区、东北丘陵平原区和沿海地带的盐碱地总面积超过5亿亩，其中耕地约1亿亩。盐碱化严重的西北内陆区，盐碱化面积占该区耕地面积的15.2%。黄淮海区的盐碱化面积占该区耕地面积的5.4%。在新、甘、宁、蒙四省区受盐碱化威胁的土地已占总耕地面积的30%～40%。

面对这白色的土地，人类再一次感到了自己的苍白无力，然而这又是人类的自我杰作。引水自流灌溉导致地下水位上升，盐分聚集地表；利用高矿化度的水进行漫灌，盐水滞留地表；开垦利用具有积盐层的底土；排灌系统不合理、串灌漫灌，长期积水……多么残忍的手段！

8. 空中魔鬼

重庆嘉陵江大桥，是座钢梁结构的公路桥。尽管每年都要动用大量的人力和物力进行除锈、涂漆，但面对酸雨的腐蚀，这些防护也无济于事。每年锈蚀速度达160微米。1978年桥梁大修时发现有些部位锈蚀达2～3毫米，按规定，桥梁部分1～2年才除锈一次，可现在嘉陵江大桥半年便得除锈1次，超过规定1.5年。重庆电视塔建于1970年，在酸雨可怕的腐蚀下，不到3年便生锈了，到了1979年已两次维修，耗资50多万元，不到3年再次大面积生锈。把重庆同酸雨污染不太严重的南京市加以对比，更可见前者金属材料被酸雨腐蚀的严重状况。

我国是一个酸雨污染灾害严重的国家。据普查统计，我国酸雨遍布22个省、自治区和直辖市，约占国土面积的6.8%。但是主要的污染区还是在长江以南地区，尤其以西南地区最为严重，包括重庆、自贡、贵阳、柳州、南宁等城市，青岛、苏州、杭州、南昌、福州等地也常降酸雨。主要起因于燃用高硫煤和大气污染以及气象、地理等条件不好。调查表明，目前这些地区的酸雨危害仍呈发展的趋势。据有关专家所组成的考察队对长江以南地区的综合考察的结果来看，由于酸沉降的直接影响和间接影响（如土壤酸化），柳州、重庆等地出现了树木不同程度的叶片枯黄、坏死、提前掉落，还有小麦、水稻死苗的现象。目前，重庆和贵阳近年降雨的pH值已在4.5以下，与世界上最著名的两个酸雨地区美国的东北部（pH=3.94）和斯堪的纳维亚的瑞典南部（pH=4.28）已相当接近。

在重庆，酸雨已使建筑物受到极大破坏，经济损失也相当大。

重庆人民大礼堂建于1954年，在短短的30多年中，由于酸雨的侵蚀，墙、柱多次剥落已维修多次。维修防护费达300万元之多。

酸雨还是破坏文物、古迹的“罪人”。在重庆佛图关公园内建于1987年的杨公烈士铜像，因无棚遮挡长期受酸雨腐蚀，全身早已失去光泽，呈黑色。公园里那些古人在石壁上刻的诗文，受雨淋的部分，如今文字已模糊不清，面目全非。

9.不和谐的音符

古往今来，对于判了死刑的人，不外乎用刀、用枪、用绞索或电椅等方法去结束犯人的生命。可是，在中世纪却有一种刑法，叫“钟下刑”，也就是利用钟声刺激受刑者，使之逐渐死亡。钟声为什么能够杀人？

原来是噪声，你在生活和学习过程中天天遭遇的不和谐音符。20世纪在50年代，美国曾用一架超音速飞机作噪声试验，当时有10个人为了一笔可观的奖金甘愿做试验品，结果当飞机从他们头顶上空掠过时，他们全部被飞机的噪声所击毙。

最近，噪声家族中又增加了一位冷面杀手——次声波，其频率低于几十赫兹，人耳听不见，但其对人体危害相环境的破坏与一般噪声比起来毫不逊色。次声波来源于自然界和工业生产、科学试验。例如地震、海啸、强烈风暴、核试验、机器运转等等，都可产生程度不同的次声波。高空大气湍流产生的次声波能折断万吨巨轮上的桅杆，能将飞机撕得四分五裂；地震或核爆炸所激发的次声波能将巨大建筑物摧毁；海啸带来的次声波可将岸上的房屋毁坏等等。我国大连地处沿海，极易受海洋及大风带来的欢声波的危害。例如，1978年大连地区发生的海啸，波涛将船只掀到了岸上，它激发的次声波毁坏了远离岸边的房屋。

次声波对人体的杀伤也是惊人的。当人体受到2～10赫兹的次声波照射时，头脑的平衡器官的功能遭到破坏，人会产生旋转感、恶心、眼球不由自主的转动。科学家们注意到，4～8赫兹的振动能引起心、肺等系统的危险共振。人体受到7.5赫兹130分贝的次声作用时，血压会显著升高。许多住在高层建筑上的人在有暴风时会感到头晕或恶心，这就是次声波作怪的缘故。

但我们平日见得最多的还是巨大的交通噪声、建筑噪声、工厂噪声及社会噪声。现在我国有30%的职工在噪声污染的条件下工作，40%左右的城市居民生活在噪声污染环境中。城市中的环境噪声水平普遍超出国家规定的标准。尽管如此，在大城市里，仍然是叫卖声、音乐声、机器声、喇叭声此起彼伏，一到节假日，鞭炮声又加入了欢庆的行列。目前，噪声污染已成为我国城市中十分严重的一个环境问题。

10.垃圾的灾难

麦克唐纳是美国以开办快餐店起家的大老板，他的快餐店遍布世界各地。快餐的兴起给当今快节奏工作和生活的人们带来了方便，然而快餐的包装等却被人们随地丢弃，也给人们带来了麻烦。为了防止“这些快餐店出售的汉堡包和油煎食品用的塑料和纸包装盒及餐具被随地丢弃”所引起的环境污染，前东德一位议员呼吁在东德禁止开办美国麦克唐纳快餐店。议会环境委员会主席德夫勒说："必须禁止麦克唐纳和其他类似的垃圾制造源。"可见，快餐的包装等废物给人们生活带来污染的严重。

把眼光从大洋彼岸、从欧洲大地上收回到中国960万平方公里的土地上，近年来各项工作和人民的生活都在向快节奏看齐，方便面、快餐盒饭及袋装食品在市面上大量涌现，低头俯视列车奔驰的铁路沿线，一路可见白花花的方便饭盒、五颜六色的食品软包装袋。由于人们生活水平的迅速提高，中、高档家用电器也迅速走进寻常百姓家，那些电器的白色泡沫塑料包装块被随处抛撒，江河湖海的风景照片上也不时显现出它们的"情影"；即使当今生活节奏还不算快的农村，那废弃的塑料农膜也不时在广阔的大地上翻着"白眼"，正为土地埋下不可小视的潜在危害……人们所居住生活的环境，正在被人们自己日益残酷地破坏着，而被破坏了的环境反过来对人类进行着无情的讽刺和戏谑。

今后，旅游业将发展得越来越快，快餐食品的销量无疑会急剧增加，我们不能把一个撒满污物的国土呈现于世界各国人民的面前。乱扔污物，不仅扔掉了自己的人格，也扔掉了国家的尊严。

但前面涉及的仅仅是普通的生活垃圾，还有像煤矸石、粉煤灰、锅炉渣、电石渣、采矿废石等之类的工业垃圾，更令人头痛的是大量有毒、易燃、易爆，具有腐蚀性的废弃物不知如何处理。而且这种人造垃圾还在一天天增加。目前我国累计堆存量(截至1990年)达67.5亿吨，占地5.6万公顷。大量有毒物质的随意堆放造成了严重的污染事故。60年代末，锦州铁合金厂的铬渣场周围的井水、稻田水变成绿色，出现居民鼻粘膜溃烂，耕牛口腔、脚底板糜烂等症状。至1973年，该地1000多眼井水不能饮用。北京燕山石化总厂向阳化工厂的己烷倒入明沟，随水流动炸毁了一座变电站。

可见，垃圾问题已不仅仅局限在占用耕地一个方面，污染大气、污染水体、影响美观等都已成了其不可推卸的责任。遗憾的是，我国每年排放工业固体废物达2600万吨，占农田3146万平方米，这与我国耕地日趋减少是如何格格不入，还有由此带来的大量污染事件又如何解决呢？

中国环境保护在行动

1972年，中国代表在出席瑞典斯德哥尔摩召开的首届人类环境会议后，把大会上列举的环境问题跟中国的现实一对照，突然发现在很多方面中国环境问题的广度和深度原来不亚于西方发达国家。正如曲格平所说："在我们颇有些自负地评论西方世界环境公害是'不治之症'的时候，环境污染和生态破坏却正在我国急剧地发展和蔓延"。1983年在第二届全国环保工作会议上，"环境保护"被正式列为我国的一项基本国策，环保工作的重要性被提到了空前的高度。明确提出了"预防为主，防治结合；谁污染谁治理；强化环境管理"等三大政策体系，使"走有中国特色的环保之路"这一精辟的思想有了具体的行动指南。80年代环保"三大政策"的逐步形成，标志着中国环境政策开始走向成熟。1989年第三届全国环保工作会议，又正式提出了环境管理的新五项制度。1992年召开了第二届国际发展和环境会议，我国吸取了国际社会的新经验，也总结了我国环境工作20年的实践经验，提出了我国"环境与发展的十大对策"。1996年7月16日，第四届全国环保会议召开，会议以《国家环保"九五"计划和2010年远景目标纲要》为中心议题。根据这份《纲要》提出了我国跨世纪15年的环境保护分阶段目标。在行政与法制的密切配合下，中国环境保护动了真格的。

1995年，淮河沿岸的400家重污染工厂先后关闭。

1995年，山东省作出决定，5000t以下的小造纸厂一律关闭。

1996年，山东省再作出决策，10000t以下的小造纸厂一律关闭。

1996年，云南省强令封杀严重污染环境企业。

从1993年到1996年，全国人大环资委和国务院环委会连续4年组织了环保大检查，公开揭露和批评违反环保法律、法规的行为；督促地方政府对环境违法案件进行查处。

1996年8月，国务院大刀阔斧，出台了《关于环境保护若干问题的决定》，提出在当年的9月30日前，取缔、关闭或停产15种小企业。决定出台伊始，各地方省市区便纷纷行动，根据国务院《决定》制定相应的规定。

天津市，有93家土法生产小企业上了取缔、关停的公布名单；

新疆维吾尔自治区，有100余家小皮革、64家小造纸、19家小炼油厂关停。

深圳市，关停印染、印花、印制电路板、制革等企业11家，5家小印花企业被责成限期治理，1家已注册的电镀厂被取消。

桂林市，决定关停12家小造纸、小电镀和小制革。

哈尔滨市、青岛市、甘肃庆阳地区、西安市也分别对本地区“15小”采取了治理整顿措施。

到2000年6月15日为止，山西省4991家污染企业全部被依法关停，同时还有263家企业排污严重的生产设施强行取缔淘汰。

2000年6月20日徐州市对运河(徐州段)沿岸25家污染企业采取了关停措施，又对22家造纸厂的生产设备作了封存，限期于10月30日前治理达标，否则予以关闭。

2000年6月21日《科技日报》报导，到2050年，我国适宜绿化的地方将全部植树种草，适宜治理的水土流失、风沙侵蚀、台风盐碱等生态环境脆弱地区基本完成生物治理。全国森林覆盖率将达到并稳定在26%以上，基本实现山川秀美的宏伟目标。

2000年6月23日《科学时报》又透露，新世纪中国营造林建设目标目前已经确定，八个大型林业建设工程将全面启动。

2000年7月9日《科学时报》报导，截至5月底，新疆维吾尔自治区已完成退耕还林28.8万亩。青海省退耕还林面积已达12.5万亩，还草面积达11.6万亩。已确定为生态经济区的三峡库区，大规模的退耕还林工程也拉开序幕。目前，已有数万亩坡耕地退耕还林还草，10多万亩坡耕地开始停耕。云南省退耕面积已达60多万亩；此外，从1998年起，就已全面实施天然林保护工程，在7个县禁止采伐天然林，有效地保护了生态环境。甘肃省安排退耕还林还草试点任务119万亩，“三荒”地造林种草试点任务40万亩。内蒙古乌盟，目前已种树种草250万亩，其中仅当年退耕种树(草)达110万亩。

2000年7月18日《科技日报》报导，长江上中游区，坡耕地是水土流失的策源地，也是入江泥沙的主要来源之一，成为长江的隐患之地。截至目前，治理区共减少陡坡耕地1700万亩，其中退耕还林900万亩，陡坡耕地退耕还林还草达70%以上。

长江上游封山育林，必将影响而且限制上游地区的经济发展，这对某些单位或个人，将是两难的选择。

2000年7月6日《科技日报》报导，煤科总院全力推进清洁煤技术，已获得了很大成功。煤炭液化技术是一种彻底的洁净煤技术，煤炭通过液化将其中的硫等有害元素以灰分加以脱除，并转化为液体产品。目前，在我国建设煤直接液化示范厂的条件已基本具备。运用水煤浆技术具有代油效益、环境效益、节能效益。

目前我国已建成水煤浆厂(车间)8座,制浆规模最大的为年产量45万t(三条线),形成年产总能力为150万t。此项技术有待进一步推广应用。

2000年5月6日《广州日报》报导,广州每天产生4500t垃圾,在实行分类处理后,垃圾中的废旧塑料、玻璃等皆可回收利用,从而政府部门每年可节省垃圾处理费1亿多元。

2000年6月29日《科技日报》报导,北京和天津两地,自1997年9月开始的一次性塑料餐具的回收工作,目前已初见成效,去年一年回收率已达50%以上。近两年来,治理“白色污染”的呼声日益高涨,为此积极寻求逐步用纸浆模塑、淀粉类、植物纤维类餐具替代发泡塑料餐具。但由于这些替代产品在性能和价格方面均无法与普通塑料制品竞争,且存在着生产过程中的污染以及可降解技术是否过关等问题,一些禁用地区出现了回潮使用一次性发泡餐具的现象。据专家介绍,一次性餐具回收之后的熔融造粒再生、炼油、炼制建筑用胶等再生技术还在不断完善之中。这些都为在全国范围内开展回收利用工作打下了基础。

2000年4月25日《中国水利报》报导,自20世纪30年代中期以来,国家每年投入1亿元资金,展开重点支流、小流域治理。据统计,目前黄土高原初步治理面积达17.13万km2。黄土高原近年来每年人黄泥沙比多年平均人黄泥沙量减少约3亿t。

2000年5月5日《人民日报》报导,一项大规模植树造林计划从今年起在青海省付诸实施。今后10年间,黄河、长江和澜沧江的源头地区将新增加2300多万亩林地,而且“三江源头地区”最近已正式列入国家级自然生态环境保护区。

2000年7月21日《扬子晚报》报导,今年沿黄地区大旱,黄河水量虽然降到了1949年以来的最低点,但黄河却进入20世纪90年代以来首次没有断流,这主要得益于水量的统一调度管理。这样既解决了下游地区缺水的燃眉之急，又控制了不少地区的过量用水和用水浪费。

2000年8月27日江苏省九届人大常委会第十八次会议通过了《关于在苏锡常地区限期禁止开采地下水的决定》。

世界卫生组织每年都对世界主要城市的大气质量污染情况进行监测评比，沈阳作为一个老污染城市历来“榜上有名”，1988年还曾进入到世界十大污染城市中第二位。但在1999年评比中，其大气中的总悬浮颗粒物、二氧化硫、三氧化氮3种完全污染物的浓度已大大降低，为此沈阳已走出《黑名单》。这是由于沈阳市环保部门对各种锅炉、窑炉进行治理，取缔了一批严重冒黑烟的炉窑，改造了一大批居民棚户住宅区的供暖方式。此外，城市绿化面积不断增加也是沈阳大气环境质量改善的重要原因。

2000年8月27日第九届全国人大常委会第十五次会议修订通过的《中华人民共和国大气污染法(修正)》将于2000年9月1日起正式施行。其中规定，污染空气最高罚款50万元。

2000年7月21日100多尾被各地渔民误捕、误捞上岸的中华鲟，经过常熟中华鲟救治中心抢救疗伤后，在渔政工作人员的专船护送下，在常熟长江段正式下水游归长江。

……

以上列举的这些治理环境污染及生态破坏的措施，虽然有些已经取得了预期的目标，但有些还要经过不懈的努力才能改观。即使已达标的可能还有反复，因此任务还十分艰巨。在世纪之交的历史关头，中国毕竟已插上了飞翔的翅膀，赢来了难得机遇，中华民族必将复兴。但是，真正做到这些还有很艰难曲折的道路要走。这是因为这样做常常会陷入两难的境地，对国家来说，会暂时降低发展的速度，会耗费大笔的资金。环境保护需要经费，而国家财政有限；环境保护要加大投入，限制污染企业会影响财政收入。加大环保投入跟减少财政收入有矛盾，限制污染企业跟增加税收有矛盾，污染企业的下马，会引起工人的失业，会引起社会不安定因素的发展。

经济增长，过去是，现在和以后仍然是社会进步的重要标志，也是人类生活改善的重要基础。经济的增长还是需要的。但是，我们需要的增长，不是不顾环境和生态质量的盲目增长，不是以消耗资源和不惜以环境污染为代价的唯经济增长，它要求科学地控制经济增长的速度，提高经济增长的质量，反对那种高投入、高消耗、高污染的经济增长方式，而是利用高新科学技术降低消耗、降低能源、降低污染的新生产方式来获得经济的发展的。良好的生态环境是发展的自然条件，也是人类健康生活的基本保证。为此，要求在发展过程中，保护自然环境，保护资源。在发展过程中所消耗的自然资源必须严格控制在自然的能力之下，必须及时地加以修复和保护，绝对反对以损害自然为代价而取得暂时的经济进步，并且要在发展过程中不断地改善生态质量。同时，它还要求在发展过程中严格控制人口，努力提高人口的质量，建立文明的消费观念和消费方式，提高教育水平，提高人的文明程度和文化、科学、道德素质。

装纸中的"美艳杀手"

在超市里，我们常看到橱窗里陈列着包装精美、五颜六色的食品，常常是这些美丽的包装纸牵动了我们的视线，让我们怦然为之心动，慷慨解囊。而同时，在一些比较负责的商店里，凡是用来装食品的纸袋，无论外表多么五颜六色，里面接触食品的部分总是很朴素。你知道吗,有一些纸是不能用来包装的,这些美丽的外表常常“伤害”了那些被包裹在里面的食品本身。所以就像评价一个人一样,不仅要外表“美丽”,还一定要“心地善良”。而对于食品包装纸来说,“美丽”固然会引人爱怜,那“善良”就更为重要和不可或缺了。谁愿意购买食品的时候,却发现包装纸“美艳狠毒”呢?

为什么这些包装纸会“美艳狠毒”呢?纸是一种容易被污染的用品,不同的纸张污染度不同,对人体的损害也不同。第一种,漂白过的纸不可用于包装,因为它使用过荧光增白剂,这是一种致癌物质;第二种,报纸及一些有铅字的油墨纸不可用来包装食品,因为油墨中含有铅、多氯联苯等有毒物质;第三种,有色纸张不可用于包装,现在一般的染料都不是纯天然染料,都含有一定的有害物质;第四种,用回收废纸制成的再生纸(比如卫生纸)不可用于包装,因为未经消毒的卫生纸带有微生物污染;第五种,劣质蜡纸不可用于包装,因为劣质蜡纸所用的石蜡中含有多种环烃类致癌物;第六种,用做包烟盒、做装饰用的锡纸不可用来包装,锡纸中常常含有铅污染。以上的这六种纸,我们是要拒绝的,尽管有时候它们看上去很美丽。

不锈钢餐具流行风中的隐忧

如今,人们越来越注重生活品质的提高,环保意识逐步加强,越来越多的人开始懂得铝制品炊具会使人的铝摄入量增高,不利于健康,于是越来越多的家庭使用不锈钢餐具。走进市场,你也会发现,不锈钢餐具已成为餐具家庭中的“大师兄”,人们旅游时更喜欢带上不锈钢餐具，连学生宿舍里也往往是不锈钢餐具的天下。不锈钢餐具因其经摔打、耐高温、污染少等特点，赢得了越来越多的用户，那么，如果你是一位细心的主妇，也需要注意，像不锈钢这样一脸“耿直不阿”的餐具，也不免有“腐败变质”情况，因此，在高度信任之余，也要坚持“廉政”建设。

较之于其他类型的餐具，不锈钢餐具性情比较沉稳，在空气中的确具有较高的稳定性，不容易发生腐蚀。但是，不锈钢餐具也有一个弱点：它害怕和酸性物质亲密接触。因为不锈钢餐具一旦和酸性溶液长时间接触、浸泡，就会导致一些化学反应的发生，有可能会生成一些有害物质，如铅、镉、镍等有毒金属物质，科学家们在动物身上所做的实验以及大量的流行病学调查表明：铬、镍、铅等有毒物质与肿瘤的发生有关，铬可以使人体的多种酶系统的活性受到抑制和破坏，对人体钙、铁的吸收和排出造成影响。因此，我们最好给不锈钢餐具和酸性物质制定一个“回避制度”。

纯净水

现在，人们对自己的生活品质越来越在意，于是对自来水的水质不放心的人们，开始寻找方法改善饮用水水质。有的在水管上接个净化水的龙头，有的干脆直接买回罐装水。现在，大部分的家庭、单位都备有纯净水供饮用，有的家庭甚至煮饭也用瓶装的纯净水，真是高级享受!纯净水，已经纯净了，还有什么不放心的呢，可以直接喝，又方便又安全。可是，请你注意，纯净水不能完全代替天然水。

大家都希望饮用的水洁净，但市面上出售的纯净水固然纯净，却都是将水中一切“杂质”都除去的蒸馏水、纯水、太空水等，它们都只剩下纯粹水分子的水。这怎能与天然水相比呢？

天然水在自然界中循环，不断地与大气、土壤、岩水等相互接触，在这接触的过程中它们便溶入各种物质，如钙、镁、钾、钠、铁、锰、碳等，它们都是人体中不可缺少的微量元素。人体所需要的微量元素，有很大一部分都是由饮用天然水获得的。

纯净水就恰恰与天然水有很大区别，我们不但得不到它水中含的“杂质”，反而因水具有很强的溶解性，在我们体内循环还将带走人体内一部分原有的微量元素，这不是影响我们身体的健康吗？

愈美丽就愈危险

星期天一大早，苏太太就急急忙忙赶到小菜场去，兴冲冲地拎了一大篮新鲜菜回到家。推门一看，那一老一小已经把她准备的早餐吃个精光，笃笃定定地躺在沙发上，一个看动画片一个看报纸了。看她进来，苏先生就扯起他的公鸭嗓关心道：“买的什么菜呀？”“你最喜欢的豆芽！”“豆芽？！”苏先生像一只跳蚤受了惊一下子跳起来，一把抓过菜篮子，用瘦如鸡爪一样的手翻出那一塑料袋豆芽菜，抓在手里又看又闻，那800度的近视眼虽然戴了两只厚厚的酒瓶子底，还是要贴到上面去才看得见。“这豆芽怎么样？又白又长，我兜了一大圈才挑来的呢。”苏太太得意地问。苏先生仍然在那里左鉴定右鉴定，最后干脆跑到里屋去把他的放大镜也拿出来。折腾了半天，终于收起放大镜郑重宣布：“此豆芽菜最好别吃！”

又白又长的豆芽为什么不能吃呢？只听那苏先生拿起刚刚看完的报纸来念道："最近，有些不法个体户在制作豆芽时，为了使豆芽发得快，使用化肥甚至使用除草剂催发豆芽。用化肥和除草剂催发能使豆芽生长加快，而且根须不发，豆芽显得很好看。但是这种豆芽却无清香脆嫩的自然风味，并且会损害人的食欲和健康。那些残存的化肥在微生物的作用下可生成亚硝酸氨，有诱发食道癌和胃癌的危险，特别是有些除草剂本身就是致癌物，残留部分会对人体造成很大危害。……"

口香糖

苏太太最近碰到了一件麻烦事，就是家里的卫生特别难打扫。地板上、家具上、墙壁上，到处能发现口香糖粘在上面，而且残迹很难清除。原来，刚上中学的儿子要扮"酷"，天天回来啧啧有声。而在一所中学里教书的一向文质彬彬的丈夫也大嚼起口香糖，原因是现在的学生都喜欢很"酷"的老师，苏先生为了能在期末的学生调查中拿一个高分，下决心忍痛转"型"。你设想一下，一个骨瘦如柴还戴着一副酒瓶子底眼镜再加一身老土打扮的教书先生，口里嚼着口香糖，脸上一副很"酷"的表情，那会是个什么形象!吃口香糖还有最酷的一招：看看嚼得差不多了，朝着任一方向，"啪!"一个口吐莲花!不要太潇洒!口香糖污染环境的事件并不只是发生在家里，在大街上、商店里、各种公共场所，特别是旅游胜地，甚至在神圣的天安门广场，都时有发生。

口香糖入口时爽口，"出口"却只会让人恶心。更严重的是，口香糖吐在地上后形成的残迹难以清除、难以降解，给环卫工作增加了很大的麻烦和压力。口香糖残迹就像一摊摊鸡屎，搞不好还会沾在行人的鞋子上。为了防止让口香糖的残迹破坏形象，国外一些城市近年来开始制定法规，禁止人们在公共场合吃口香糖。比如在新加坡，胆敢在公共场合吃口香糖的人将被处以高额罚款。

“酒中仙”

“李白斗酒诗百篇”，酒也许不能给现代人增添诗意，至少可以使自己的一日三餐多几分醺醺然不亦乐乎的美妙情趣。饮酒在生活里，是个可以很有讲究和门道的事情，即使没有刻意的研究，饮酒也不失为一种挺美的人生享受。那么接下来就是个“度”的问题了。什么样的人饮酒以什么样的“度”为适合，那个“度”在哪儿？

先讲讲过量饮酒的危害吧。大家都知道酒的主要成分是乙醇，也就是酒精。乙醇在化学实验室里被归为有毒物质。科学实验表明：过量饮用乙醇，会使心脑血管疾病、癌症的发病率明显增高。如果胎儿受到酒精毒害，痴呆、畸形率就会大大增加。

再讲讲不小心喝了劣质酒的危害吧。由于现在有些厂家的酿酒过程不规范，使酒里面又产生了许多比酒精更可怕的有毒物质，它们主要是杂醇、氰化物、亚硝酸、黄曲霉素和铅。这些有毒物是从哪里来的呢？它们是在制酒的过程中产生的。制酒需要发酵，发酵的主要产物是乙醇，同时也有少量的甲醇、丙醇、丁醇、戊醇等乙醇的“兄弟姐妹”——杂醇们产生。它们哪一个都比乙醇的毒性大，其中最可怕的是甲醇。7～8毫升的甲醇就能使人双目失明,30毫升以上能致死。铅是酒蒸馏和储存过程中从容器进入酒中的。过去制酒业多采用含铅的设备,至今仍然有不少小厂在使用,造成铅污染。还有不少地方用木薯来发酵制白酒,木薯和不少草籽中所含的“含氢糖甙”在发酵中会产生氰化物,带来氰化物的污染。

让野生动物离开餐桌

在一家饭店正对着大街的玻璃橱窗里,有一只孔雀。美丽的羽毛、华丽的尾屏、高雅的姿态,还有颈部那一圈色泽独特的蓝,是一只蓝孔雀。你可不要以为它站在那里就像广场上放着鸽子一样,是人和动物和谐共处的表现。它是被饭店老板放在大门口招徕顾客的。现在的人们对美味的追求,自然包括那些珍稀的“野味”。然而,“君子有所为,有所不为”,作为一个有公德、有良知的现代公民,您需要知道这样一个“有所不为”的道理,是有关“拒绝吃野生动物”的。

自然界是一个完整的食物链,过量食用野生动物会导致生态失衡。在恐龙时代,平均每1000年才有一种动物绝种;20世纪以前,地球上大约每4年有一种动物绝种;近150年来,鸟类灭绝了约80种;近50年来,兽类灭绝了近40种。而且近100年来,物种灭绝的速度超出其自然灭绝率的1000倍,而这种速度仍有增无减。其中的缘由,大半都是人造成的“吃祸”。据有关书籍资料统计,中国每年被吃掉的蛇不下6000吨,吃蛇风盛行导致鼠类失控,全国城乡至少有鼠30亿只,每年因此损失粮食150亿公斤,相当于全国人口粮食食用量的总和。吃野味者自古被称为饕餮之徒,一些人把它当做权势、财富、身份的象征，猴脑、熊掌、鹿鞭、娃娃鱼、穿山甲……无所不吃。本来吃肉也是人的本性，但是在现在野生动物大量灭绝的现实面前，拒吃野生动物是保护生态、也是保护人类自身生存的一种必要的选择。

羊肉串

每到傍晚，在路边小巷常常可以看到烟雾缭绕的烤羊肉串小贩，呛人的烟味中夹杂着诱人的羊肉香味？你禁不住吃一串，再吃一串，第三串下肚，四、五……还想吃。这种吃法很适合于电影里的哪个西部小镇：旷野低垂，暮色四溢，在辽阔的大地上，只有一条小街细细地延伸，粗犷豪迈的西北汉子在缭绕的烤肉的烟气里大声地吆喝着，烟味与肉香一直飘升，迅速地消失在晴空万里的天际。但是，我们亲爱的城市，现在的大街上已经不能找到这样空旷的大地了，密集生长的楼群里，小小的巷子边，再也没有那么宽敞的空间可以这样豪迈地烧烤羊肉串。将容纳这些炊烟的，不再是巨大无比的天空，而恰恰就是我们住宅小区里每个居民的脆弱的肺。

街摊的烤羊肉串之危险不一而足。首先，大街旁的小贩操作简便，乏人管理，卫生情况，特别是肉的质量很不容乐观。其次，油熏火烤的过程中，会产生数百种“多环芳烃家族”，其中一种叫苯并(a)芘的家伙，它是一种致癌剂，这家伙在油脂滴落到炭火上燃烧冒烟时生育能力可是很强，它们生下来后随浓烟四处飘落，当你品尝羊肉串时，它便开始在你体内品尝你了。据说世界上最有名的胃癌高发区最爱吃自己熏烤的肉食品，后来，吃厂家用先进工艺生产的熏烤食品，胃癌发病率果然降低不少。其实食品卫生法早就有规定熏烤制品中的苯并(a)芘含量不得超过十亿分之五，正规的厂商在生产的过程中都要采取多种措施来降低有害物质的含量，可是街头巷尾的小贩可不受这个限制，卫生部门的检测结果表明，街头巷尾的羊肉串中的苯并(a)芘含量通常超标10倍乃至数百倍，而且街头烧烤往往使整个街道乌烟瘴气，现在很多城市已经取缔这种影响社区空气的街摊。

都市生活的侵略性节奏

走在任何一个现代化的都市里，你都会发现有很多的快餐店，大幅的广告招牌挤满了这个城市的每一个角落，多数人由于生活的快节奏，时常生活在快餐的世界里。快餐一方面满足了城市快节奏活动的人群的需要，另一方面，它也给生态环境造成了负面的影响，大概很少有人注意到，小小快餐厅的发展背后，有着一大堆惊人的统计数字！

大量的快餐废弃用具不仅增加了地球垃圾的负荷，浪费了大量的资源，它的挥发还促使臭氧层变得稀薄以至于难以阻挡紫外光，造成了越来越多的白内障患者。一边是快餐店前每日行色匆匆的人群，一边又是令人觉得难以置信的数字：在过去的30年间，南极上空一半的臭氧层受到了破坏，我们的大气中二氧化碳含量不断增加，我们所居住的地球的体温在不断地上升，空气污浊得令人窒息；而在不远的将来，我们的医院中还将增加175万患白内障的病人和30万患皮肤癌的病人，他们自己及亲友都将徒增很多痛苦。而这一切的罪魁祸首是CFC——氯氟化碳物，它大量地存在于我们的一些快餐用品中，像塑料盒、木筷子、发泡塑料器皿等。吃快餐不仅破坏环境，而且对身体也没有什么好处。快餐中的汉堡包等，大都含有很高的热量，而且营养价值不怎么丰富，所以人们早就称它是“垃圾食品”了!而相对西式快餐，中式快餐的营养结构和营养价值就要科学得多，也更适合东方人的身体需求。在欧美国家定居的中国人，直肠癌的发病率很高，原因就是消化系统的结构与当地饮食结构不适应造成的。

一粒米里的风度问题

有句话叫：一花一世界，一叶一如来。就是说：在细微的事物里，有很大的学问在。现在就要谈谈一粒米的故事。在日常生活中，你常常可以看到很多浪费粮食的现象，也许你自己就是其中的一员。到餐馆里吃饭，男的偏要点一大桌子菜来摆阔气；女的呢，偏偏只吃那么一点点，剩下一大半来显示自己的淑女风度（虽然回到家里也还要再吃方便面）。

你知道吗，据有关书籍资料统计：我国现有耕地1.3亿多公顷，只占世界耕地总面积的7%；而我国人均耕地面积1.2亩，是世界人均值的1/4，特别是东部600多个县（区）的人均耕地，低于联合国粮农组织确定的0.05公顷的警戒线。目前，由于乱占耕地、环境恶化等原因，我国的耕地面积正以每年30多万亩的速度递减，1981～1995年间，全国共减少了耕地8100万亩，每年因此而减少粮食生产500公斤。你也许会说：我扔掉的是我自己拿钱买来的东西，跟别人有什么关系？此言差矣!每个人都是社会中的一员，都是大自然这个整体中的一部分，并参与大自然的整个循环过程,就像你站在地球上,就不得不随着它绕着太阳转一样。你的一举一动都会对这个大循环产生或多或少的影响。也许男士们会说:你总不能让我在女孩子面前小里小气地丢份儿吧!可是你见过几个女孩子是因为男人摆阔气才爱上他的?即使是有,恐怕她爱的也只是你口袋里的钱。女孩子们也会说:在男人面前显出一副好胃口也太不淑女了吧?可蹑手蹑脚、矫揉造作就是淑女风范吗?你可以劝他少点些菜,吃多少点多少,这样既帮他省了钱又显出你节约的美德,他会更加尊重你。

举手可得的饮食保护神

俗话说,“病从口入”。虽然人们靠每天吃进去的各种营养物质来维持生存,但如果您不注意科学饮食,许多污染也由此进入人的身体。因此应当知道什么样的食品有助于消除污染和保护健康。

价格低廉的白开水和茶水可以给您带来健康。许多人愿意喝各种饮料,其实它们并不利于健康,饮料中含有很多的糖、香料、磷酸盐等物质,尤其是磷酸盐不利于微量元素的吸收,大量喝饮料可能造成维生素和钙的缺乏。而且饮料中含有的食品添加剂(可能它们本身对健康无什么危害)与各种污染相互作用时,会对人产生一些意想不到的危害。而白开水有利于有害物质的排泄,也没有热量,不会使人发胖,正好迎合现代女性保持身材的需求。茶水可以促进对放射性污染的排除,有防癌的作用,并且含有维生素C。但茶的产地如果受到重金属污染,茶水浸泡时间过长可能发生有害金属溶出的问题,所以最好即冲即喝。

在食品方面，各种海藻、粗粮、蔬菜、豆类、薯类等都是有助于排除污染的，尤其是海藻类物质和一些纤维类物质甚至具有排除致癌物和重金属的作用。日本某大学曾做过一个实验，给实验动物吃致癌物质以后，喂普通饲料的动物全部患了癌症，而吃海带的动物大多安然无恙，正说明了这类食品在预防癌症方面的重要作用。而油腻、精细的食品则不利于消除污染。

炊具换代

在我们日常家居生活中，总少不了锅碗瓢盆的“奏鸣曲”，现代化的厨房用具更健康、更方便，我们在家居生活品质不断提高的同时，也要注意厨房里炊具的“朝代更迭”。铝制品餐具曾经成为我们厨房中一个庞大的家族。铝元素是地球上分布最为广泛的一种元素，便于采集。据估计，目前铝制品餐具在我国炊具生产中占70%。可是如果我们不知道人应该摄入多少铝含量才是科学的、有益于健康的，就会造成很多麻烦。很多专家已经多次建议：铝质餐具（特别是铝锅）应该退休了，新一代的餐具——比如不锈钢锅、不粘锅，是应该接班的时候了。

过去，我们认为铝不能被肠道吸收，现代科学证明可以吸收，但是吸收后却很难排出体外。铝是人体每日必须摄入的元素之一，随着我国科技的发展、铝制品工业的进步，越来越多的铝制品进入我们的厨房。据研究，目前我们人体铝含量已是原始人的两倍之多。过多摄入铝元素有如下危害：会危害中枢神经系统，会对体内磷代谢及许多活性酶产生不良影响，如果血液及组织内含有过高浓度的铝会造成骨质脱钙，还会引发一些疾病如骨萎缩及嗜睡、贫血症、厌食症、卵巢萎缩等症。据专家估计:人体正常日均摄入铝含量是85～110毫克。通常我们在蔬菜、水果摄入的铝含量已经就足够了。